Zur Einführung.

Die Werkstattbücher behandeln das Gesamtgebiet der Werkstattstechnik in kurzen selbständigen Einzeldarstellungen; anerkannte Fachleute und tüchtige Praktiker bieten hier das Beste aus ihrem Arbeitsfeld, um ihre Fachgenossen schnell und gründlich in die Betriebspraxis einzuführen.

Die Werkstattbücher stehen wissenschaftlich und betriebstechnisch auf der Höhe, sind dabei aber im besten Sinne gemeinverständlich, so daß alle im Betrieb und auch im Büro Tätigen, vom vorwärtsstrebenden Facharbeiter bis zum leitenden Ingenieur, Nutzen aus ihnen ziehen können.

Indem die Sammlung so den einzelnen zu fördern sucht, wird sie dem Betrieb als Ganzem nutzen und damit auch der deutschen technischen Arbeit im Wettbewerb der Völker.

Bisher sind erschienen:

Heft 1: **Gewindeschneiden.** 2. Aufl.
Von Oberingenieur O. M. Müller.

Heft 2: **Meßtechnik.** 3. Aufl. (15.—21. Tausd.)
Von Professor Dr. techn. M. Kurrein.

Heft 3: **Das Anreißen in Maschinenbauwerkstätten.** 2. Aufl. (13—18. Tausend.)
Von Ing. Fr. Klautke.

Heft 4: **Wechselräderberechnung für Drehbänke.** 3. Aufl. (13.—18. Tausend.)
Von Betriebsdirektor G. Knappe.

Heft 5: **Das Schleifen der Metalle.** 2. Aufl.

Heft 6: **Teilkopfarbeiten.** 2. Aufl. (13. bis 18. Tausend.)
Von Dr.-Ing. W. Pockrandt.

Heft 7: **Härten und Vergüten.**
1. Teil: **Stahl und sein Verhalten.** 3. Aufl. (18.—24. Tausend.)

Heft 8: **Härten und Vergüten.**
2. Teil: **Praxis der Warmbehandlung.** 3. Aufl. (18.—24. Tausend.)

Heft 9: **Rezepte für die Werkstatt.** 3. Aufl. (17.–22. Tausend.) Von Dr. Fritz Spitzer.

Heft 10: **Kupolofenbetrieb.** 2. Aufl.
Von Gießereidirektor C. Irresberger.

Heft 11: **Freiformschmiede.** 1. Teil: **Grundlagen, Werkstoff der Schmiede. — Technologie des Schmiedens.** 2. Aufl. (7. bis 12. Tausend.)
Von F. W. Duesing und A. Stodt.

Heft 12: **Freiformschmiede.** 2. Teil: **Schmiedebeispiele.** 2. Aufl. (7.—11. Tausend.)
Von B. Preuß und A. Stodt.

Heft 13: **Die neueren Schweißverfahren.** 3. Aufl. (13.—18. Tausend.)
Von Prof. Dr.-Ing. P. Schimpke.

Heft 14: **Modelltischlerei.** 1. Teil: **Allgemeines. Einfachere Modelle.** 2. Aufl. (7. bis 12. Tausend.) Von R. Löwer.

Heft 15: **Bohren.** 2. Aufl. (8.—14. Tausend.)
Von Ing. J. Dinnebier und Dr.-Ing. H. J. Stoewer.

Heft 16: **Senken und Reiben.** 2. Aufl. (8.—13. Tausend.)
Von Ing. J. Dinnebier.

Heft 17: **Modelltischlerei.**
2. Teil: **Beispiele von Modellen und Schablonen zum Formen.** Von R. Löwer.

Heft 18: **Technische Winkelmessungen.**
Von Prof. Dr. G. Berndt. 2. Aufl. (5. bis 9. Tausend.)

Heft 19: **Das Gußeisen.** 2. Aufl.
Von Obering. Chr. Gilles.

Heft 20: **Festigkeit und Formänderung.**
1. Teil: **Die einfachen Fälle der Festigkeit.**

Heft 21: **Einrichten von Automaten.**
1. Teil: **Die Systeme Spencer und Brown & Sharpe.** Von Ing. Karl Sachse.

Heft 22: **Die Fräser.** 2. Aufl. (8.—14. Tausd.)
Von Dr.-Ing. Ernst Brödner und Ing. Paul Zieting.

Heft 23: **Einrichten von Automaten.**
2. Teil: **Die Automaten System Gridley (Einspindel) und Cleveland und die Offenbacher Automaten.**
Von Ph. Kelle, E. Gothe, A. Kreil.

Heft 24: **Stahl- und Temperguß.**
Von Prof. Dr. techn. Erdmann Kothny.

Heft 25: **Die Ziehtechnik in der Blechbearbeitung.** 2. Aufl. (8.—13. Tausend.)
Von Dr.-Ing. Walter Sellin.

Heft 26: **Räumen.**
Von Ing. Leonhard Knoll.

Heft 27: **Einrichten von Automaten.**
3. Teil: **Die Mehrspindel-Automaten.**
Von E. Gothe, Ph. Kelle, A. Kreil.

Heft 28: **Das Löten.**
Von Dr. W. Burstyn.

Heft 29: **Kugel- und Rollenlager.** (Wälzlager.) Von Hans Behr.

Heft 30: **Gesunder Guß.**
Von Prof. Dr. techn. Erdmann Kothny.

Heft 31: **Gesenkschmiede.** 1. Teil: **Arbeitsweise und Konstruktion der Gesenke.**
Von Ph. Schweißguth.

Heft 32: **Die Brennstoffe.**
Von Prof. Dr. techn. Erdmann Kothny

Fortsetzung des Verzeichnisses der bisher erschienenen sowie Aufstellung der in Vorbereitung befindlichen Hefte siehe 3. Umschlagseite.

Jedes Heft 48—64 Seiten stark, mit zahlreichen Textabbildungen.
Preis: RM 2.— oder, wenn vor dem 1. Juli 1931 erschienen, RM 1.80 (10% Notnachlaß).
Bei Bezug von wenigstens 25 beliebigen Heften je RM 1.50.

WERKSTATTBÜCHER

FÜR BETRIEBSBEAMTE, KONSTRUKTEURE UND FACH-ARBEITER. HERAUSGEBER DR.-ING. H. HAAKE VDI

HEFT 65

Messen und Prüfen von Gewinden

Von

Ing. Karl Kress

Unter Mitarbeit des Herausgebers

Mit 71 Abbildungen im Text

Springer-Verlag Berlin Heidelberg GmbH 1938

Inhaltsverzeichnis.

ISBN 978-3-662-40613-7   ISBN 978-3-662-41093-6 (eBook)
DOI 10.1007/978-3-662-41093-6

Vorwort.

Von Zehntausendsteln schwärmt der
normenbegeisterte Jüngling: bis er
Einhundertstel erreicht, ist er ein
würdiger Greis.

Ein ideales, d. h. ein theoretisch richtiges Gewinde herzustellen oder die Form eines Gewindes genau zu messen, ist heute noch fast unmöglich. Ein ideales Gewinde in wirtschaftlichen Grenzen herzustellen und wirtschaftlich, aber doch genau zu messen, ist überhaupt nicht möglich.

Das Herstellen und Messen von Gewinden, das Zuordnen eines bestimmten Gütegrades zu einem bestimmten Verwendungszweck der Schraube ist schwierig, verlangt besondere Fachleute und ist damit kostspielig; deshalb befassen sich die meisten Betriebe nicht erst damit, sondern verlassen sich bei Lieferungen von auswärts vollkommen auf den Hersteller. Andere Firmen, die die Schwierigkeiten unterschätzen, aber mit unzulänglichen Mitteln doch messen, schaffen durch Fehlmessungen und falsche Beurteilung oder Unkenntnis der zulässigen Fehler Unruhe und Ärger.

In sehr vielen Fällen wird das Gewinde nach dem „Wackeln" des Bolzens in der Mutter beurteilt, während tatsächlich ein „zügig" gehendes Gewinde schlechter sein kann als ein „leicht" gehendes.

Aufgabe dieses Buches soll sein, dem Facharbeiter, Meister, Prüfer und Konstrukteur die Schwierigkeiten aufzuzeigen, die beim Herstellen und Messen entstehen, und die Herstellungs- und Messungenauigkeiten festzustellen, die die Ursache abgeben für die verschiedenartige Beurteilung einer Gewindegüte. Ferner ist an Beispielen zu zeigen, daß es keine persönliche Einstellung beim Beurteilen oder Festlegen von zulässigen Abweichungen geben darf, sondern nur betriebsnotwendige Gesichtspunkte, und daß Gewindeabmaße nur im Hinblick auf die Festigkeit und Arbeitsweise einer Schraubenverbindung geprüft werden dürfen.

Bei der Schwierigkeit der Stoffzusammendrängung und bei der großen Anzahl von Vorgängen beim Messen und Prüfen der Gewinde war es leider nicht möglich, alle vorkommenden Begriffe und Geräte stets vor Beschreibung ihrer Anwendung zunächst systematisch zu erläutern. Diese Erklärungen und Beschreibungen konnten nur im Laufe der Gesamtdarstellung gegeben werden. An Geräten konnten nur Beispiele gebracht werden, ohne daß damit für diese ein Werturteil ausgesprochen werden sollte. Vollständigkeit in Ausführungsformen von Geräten war nicht möglich und auch nicht beabsichtigt, dazu möge der Leser die ausgezeichnet durchgearbeiteten Listen der deutschen Meßgeräte-Firmen[1] zu Hilfe nehmen.

I. Gewindetoleranzen als Grundlagen der Austauschbarkeit.

A. Etwas über die Normung der Gewinde und der Gewindetoleranzen.

1. Geschichtliches. Als im Jahre 1876 der Verein Deutscher Ingenieure auf Vorschlag des Ingenieurs Delisle versuchte, an Stelle der verschiedenen in Deutschland gebräuchlichen metrischen und des Whitworthgewindes (Whitworth

---

[1] Sehr geeignet zum Studium von Meßgeräten und Meßverfahren sind auch die Ausstellungsstände auf der Leipziger Technischen Messe.

1*

England 1841) ein einheitliches metrisches Gewinde einzuführen[1], scheiterte dieser Plan an der Teilnahmlosigkeit oder ablehnenden Haltung der Industrie. Allerdings hatte sich das Whitworthgewinde (Profil s. Abb. 2) als so zweckmäßig erwiesen, daß an den meisten Stellen kein Verlangen nach etwas Neuem vorlag. Tatsächlich hat es sich bis heute nicht verdrängen lassen und ist auch vollgültig in die Normen aufgenommen worden, sowohl für Befestigungsgewinde (DIN 11) als auch für Rohrgewinde (DIN 259 und 260) und Feingewinde (DIN 239 und 240). Gleichwohl lebten die Bestrebungen nach Schaffung eines metrischen Gewindes immer wieder auf. So entstand 1890 in Zusammenarbeit mit der Physikalisch-Technischen Reichsanstalt das Löwenherzgewinde mit dem Bereich von 1...10 mm für die Feinmechanik. Es hat einen Flankenwinkel von 53° 8′ (zwei Eckpunkte im Quadrat mit der Mitte der gegenüberliegenden Seite verbunden, also ohne Winkelmeßgerät zu zeichnen). Dieses Gewinde ist heute zugunsten des in DIN 13 genormten metrischen Gewindes von 1...10 mm mit 60° Flankenwinkel wieder aufgegeben. Das Profil mit 60° Flankenwinkel und abgestumpften Gewindespitzen (Abb. 1) stammt von Sellers (Amerika 1864), jedoch im Durchmesser nach Zollmaßen gestuft. Es lag auch dem metrisch gestuften französischen Gewinde von 1894 zugrunde und wurde beibehalten, als deutsche, französische und schweizerische Verbände auf dem Züricher Kongreß 1898 das mit System International (SI, nicht zu verwechseln mit ISA) bezeichnete metrische Gewinde mit dem Bereich von 6...80 mm Durchmesser festlegten. Dieses Gewinde ist dann unverändert, nur mit einem nach oben bis 149 mm Durchmesser erweiterten Bereich als DIN 14 in die deutschen Gewindenormen übernommen worden, die schon vor dem Weltkriege begonnen und für die Befestigungsgewinde und Feingewinde im Jahre 1923 zu einem ersten Abschluß gebracht wurden. Ungefähr um dieselbe Zeit wurde die Normung der Gewindetoleranzen in Angriff genommen.

2. Anforderungen an die Gewindenormen. Die vielseitigen Bedingungen, denen die Gewindenormen genügen müssen, erkennt man recht deutlich, wenn man ein Gebiet betrachtet, das für sich geschlossen darzustellen ist, z. B. den Lokomotivbau. Die DIN-Blätter sämtlicher allgemeingültiger Gewindenormen und dazu noch die für Lokomotiven geschaffenen Sondernormen sind im Normblatt DIN LON 281 aufgeführt. Dort findet man zunächst die auch sonst gebräuchlichen Regelgewinde für Schrauben, Muttern und allgemeine Konstruktionszwecke, und zwar für die kleinen Durchmesser bis 10 mm metrisches Gewinde nach DIN 13, von $^1/_2''$ an Whitworthgewinde nach DIN 11, zusätzlich zu beiden die Bolzengewinde für festen Sitz am Einschraubende der Stiftschrauben, ferner die Beiblätter 3 und 4 zu DIN 13 und 11 mit den Angaben über Gewindegrenzmaße und Gewindeabmaße. Weiter werden die Unterlagen angegeben für die Herstellungsgenauigkeit und Abnutzungsgrenzen der Gewindelehren, Richtlinien für die Prüfung, Normblätter über Lehren und Werkzeuge. Außer diesen Regelgewinden führt DIN LON 281 für bestimmte Zwecke weitere Gewindearten auf: Feingewinde, Rundgewinde, Trapezgewinde und Sondergewinde.

Würde man diese Betrachtung über den ganzen Maschinenbau ausdehnen, so möchte man verzweifeln, wenn man an die Aufgabe denkt, allen Forderungen der Praxis gerecht zu werden. Und doch kehren bestimmte Grundsätze in den verschiedenartigsten Bauteilen immer wieder. Stets gibt es Befestigungsschrauben, Stiftschrauben, Schrauben oder Konstruktionsteile mit Feingewinde für hohe Beanspruchungen oder aus hochwertigem Werkstoff usw. Tatsächlich ist es gelungen, außer den eigentlichen Gewindenormen auch Normen für die Gewindetoleranzen

---

[1] Z. VDI Bd. 19 (1875) S. 294 u. 846; Bd. 21 (1877) S. W 355.

zu schaffen, ja es laufen zur Zeit (1937) Verhandlungen in der Internationalen Vereinigung der nationalen Normungsausschüsse (ISA[1]), die eine internationale Festlegung der Gewindetoleranzen bezwecken. Bei diesen Verhandlungen haben die langjährigen und gründlichen deutschen Vorarbeiten[2], die vor allem von Professor Berndt geleistet worden sind, zur Annahme der deutschen Vorschläge geführt; praktisch wird es dadurch möglich, die bisherigen deutschen Gewindetoleranzen weiter zu verwenden.

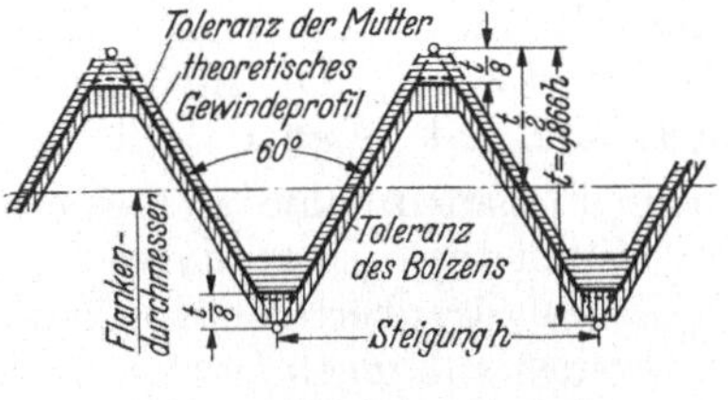

Abb. 1. Metrisches Gewinde.

3. Die Gewindetoleranzen. Maßgebend für die Austauschbarkeit der Gewinde ist das Passen in den Flanken, weil nur hier Kräfte übertragen werden können. Man geht vom genormten Profil der Gewinde aus (theoretisches Profil) und nimmt dessen Maße als Nennmaße für das Gewinde an (Abb. 1, 2 und 3). Diese Nennmaße sind grundsätzlich zugleich die Grenzmaße „gut" für Bolzen und Mutter, d. h. die Gutseite hat das Abmaß Null. Das gilt uneingeschränkt für die Flanken. Dagegen ist an den Gewindespitzen des Whitworthgewindes auch die Gutseite schon mit einem kleinen Abmaß a' versehen (Abb. 2). Dadurch wird das Freigehen der Gewindespitzen im Gewindegrunde auch für den Grenzfall gesichert. Bei dem metrischen Gewinde ist dieses Abmaß nicht notwendig, weil die Schneidwerkzeuge ja doch nicht so scharfeckig ausgeführt werden, wie dem theoretischen Gewindeprofil entspricht, und

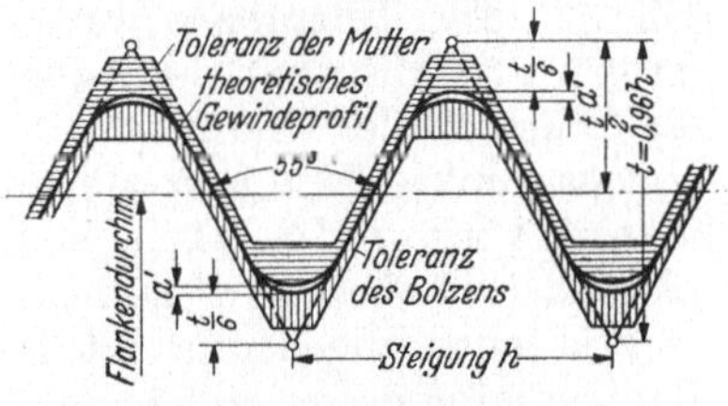

Abb. 2. Whitworthgewinde.

daher die Ausnutzung eines gewissen Teiles der Durchmessertoleranz unbedingt notwendig ist, wenn das Profil voll ausgeschnitten werden soll. Bei Trapezgewinde ist am Außen- und Kerndurchmesser Spiel vorgesehen (Abb 3).

Die Toleranzen selbst liegen vom theoretischen Profil aus für die Mutter nach außen (Plus) und für den Bolzen nach innen (Minus), d. h. stets in der Richtung der Spanabnahme bei der Herstellung. Folglich passen Bolzen und Mutter nur in dem Grenzfalle, wenn eine kleinste Mutter mit einem größten Bolzen zusammentrifft, ohne Flankenspiel, schließend. Da nun vorher gezeigt wurde, daß die Gewindespitzen bei normgerechter Ausführung im Gewindegrunde stets frei gehen, so ergibt sich, daß in den allgemeinen Fällen der Praxis stets Flankenspiel vorhanden sein und bei Austauschfertigung die Mutter auf dem Bolzen „wackeln" muß, es

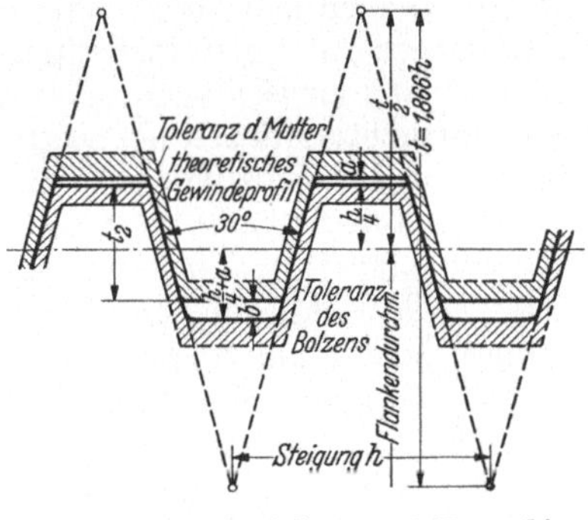

Abb. 3. Trapezgewinde. $a = 0{,}25$ mm bis $h = 12$ mm, darüber $= 0{,}5$ mm; $b = 0{,}5$ mm bis $h = 4$ mm, $0{,}75$ mm bis $h = 12$ mm, darüber $= 1{,}5$ mm.

sei denn, daß die Teile sich infolge von Ausführungsfehlern (Rauhigkeit der Gewindeflanken, falsche Flankenwinkel oder Steigungen) ungewollt an einzelnen

---

[1] International Federation of the national Standardizing Associations.

[2] Berndt, G.: Die deutschen Gewindetoleranzen. Berlin: Julius Springer 1929. — Normblatt DIN 2244, Gewindetoleranzen, Erläuterungen. — Berndt, G.: Gewindetoleranzen. Werkst.-Techn. Bd. 30 (1936) Nr. 23 S. 511. — Gewindetoleranzen. Sitzungsbericht des Unterkomitees ISA 2a in München 1936. DIN-Mitt. Bd. 20 (1937) S. N 9.

Punkten berühren und dadurch ein schließendes Passen vortäuschen. Diese Berührungsstellen werden natürlich beim Anziehen der Schraube stark verformt und das Spiel entsteht nachträglich.

Für die zahlenmäßige Größe der Gewindetoleranzen, also für die Größe der Abmaße, hat Professor Berndt Unterlagen ermittelt, indem er 1922 zahlreiche, handelsüblich hergestellte Musterstücke, die von neun führenden Firmen eingeliefert waren, im Meßlaboratorium von Ludwig Loewe & Co., Berlin, nachgemessen hat. Dabei stellte sich heraus, daß ein großer Teil dieser Schrauben beim Flankendurchmesser eine Streuung zeigte von rund $0,1 \sqrt{\text{Steigung}}$, gemessen in Millimeter. Eine andere Gruppe lag in einem engeren, eine dritte in einem weiteren Streubereich. Da zudem mit ausländischen Gewindetoleranzen gewisse Übereinstimmungen festgestellt werden konnten, wurden daraufhin drei Gütegrade „fein", „mittel" und „grob" für die Gewindetoleranzen angenommen. Die Größe $0,1 \sqrt{\text{Steigung}}$ setzte man als Flankendurchmessertoleranz für den Gütegrad „mittel" fest und leitete daraus als zwei Drittel dieser Größe den Gütegrad „fein" ab. Diesen Wert, also $0,067 \sqrt{\text{Steigung}}$ bezeichnete man als „Gewindepaßeinheit (GPE)". Die Toleranzen waren dann für „fein" 1 GPE, „mittel" 1,5 GPE und „grob" 2,5 GPE. Für die Außen- und Kerndurchmesser der Gewinde, die ja für das „Passen" der Gewinde bedeutungslos sind, wurden die Toleranzen nach dem Gesichtspunkte, eine ausreichende Tragtiefe des Gewindes zu behalten, bestimmt, konnten aber rund 3...4mal so groß gewählt werden wie die Flankendurchmessertoleranz (vgl. Tabelle 1 und 2, S. 8 u. 9).

Wie schon angedeutet, ist das „Tragen" der Gewindeflanken nicht allein vom Flankendurchmesser abhängig, sondern auch vom Flankenwinkel und von der Steigung, denn beide können fehlerhaft sein. Bei den Steigungsfehlern spielt außerdem noch die Größe der Einschraublänge eine wichtige Rolle. Die bisher gültigen und jetzt noch allgemein angewendeten Normen galten für Befestigungsschrauben, bei denen zu jedem Durchmesser auch bestimmte Steigungen und Einschraublängen gehörten. Bei den Feingewinden, bei denen diese Größen anderen Durchmessern zugeordnet sind, half man sich dann mit Durchmesser- und Einschraublängenzuschlägen, aber bei den Verhandlungen im ISA-Unterkomitee II a — Gewindetoleranzen — zeigte sich die Notwendigkeit, zu einheitlichen Grundlagen für alle Gewindeverhältnisse zu gelangen. In einer von Professor Berndt aufgestellten Formel[1] wird die Flankendurchmessertoleranz aus drei Teilbeträgen zusammengesetzt, von denen der erste etwaigen Steigungsfehlern im Zusammenhang mit der Einschraublänge, der zweite Winkelfehlern und der dritte Durchmesserfehlern Rechnung trägt. Durch Einsetzen bestimmter Zahlen wird diese Formel für alle Gewindearten anwendbar. Sie lautet für den Gütegrad „mittel" und für

$$\text{metrisches Gewinde:} \quad f = \frac{12\, l^{0,6}}{\sqrt[4]{h}} + 45 \sqrt{h} + \text{IT}\,9\,,$$

$$\text{Whitworthgewinde:} \quad f = \frac{13,5\, l^{0,6}}{\sqrt[4]{h}} + 36 \sqrt{h} + \text{IT}\,9\,,$$

$$\text{Trapezgewinde:} \quad f = \frac{26\, l^{0,6}}{\sqrt[4]{h}} + \frac{120\, t_2}{\sqrt{h}} + \text{IT}\,9\,.$$

Darin bedeuten: f Flankendurchmessertoleranz ($\mu = {}^1/_{1000}$ mm), l Einschraub-

---

[1] Werkst.-Techn. Bd. 30 (1936) Nr. 23 S. 515 u. Bd. 31 (1937) Nr. 2 S. 44.

länge (mm), h Steigung (mm), t_2 Tragtiefe (mm), IT 9 Qualität der ISA-Toleranzreihe für Durchmessertoleranzen (μ).

Für einige Gewinde sind die nach diesen Formeln berechneten Toleranzen in der Tabelle 1 zusammengestellt und zum Vergleich die bisherigen Toleranzen für Einschraublänge $l = 0{,}8\,d$ hinzugefügt. Tabelle 2 enthält einige Außen- und Kerndurchmessertoleranzen, an denen man die Größenordnung zum Vergleich mit den Flankendurchmessertoleranzen der Tabelle 1 erkennen kann.

Zu Tabelle 1 sei schon hier bemerkt, daß beim Prüfen mit Lehren (Abschn. III C) nicht die Abweichungen der einzelnen Größen, sondern nur das „Passen“, d. h. der Gesamtfehler, festgestellt wird. Dabei kann es dann natürlich vorkommen, daß z. B. Durchmesser- und Winkelfehler klein sind und der auf diese Weise übrigbleibende Fehlerbereich vom Steigungsfehler voll aufgebraucht wird. So könnte dann der Steigungsfehler bei einem Gewinde von 1,5 mm Steigung und 8 mm Einschraublänge entsprechend der ganzen Toleranz im Betrage von $129{,}3\,\mu$ (Tabelle 1) nach Abb. 15 eine Größe annehmen von über $70\,\mu$, während ihm für seinen Anteil von $38{,}2\,\mu$ nach Abb. 15 nur ein Größtfehler von $22\,\mu$ zukommt. Somit hat diese Tabelle für das Gewindeprüfen in der Werkstatt mehr theoretische, grundlegende Bedeutung; sie zeigt klar und deutlich, wie die Toleranz für den Flankendurchmesser entsteht. Maßgebend werden ihre Einzelwerte allerdings, wenn z. B. Gewindeschneidwerkzeuge in allen Einzelmaßen nachgeprüft werden sollen. Selbstverständlich ist es Aufgabe der Fertigung, diese Tabellenmaße auch bei der Schraubenherstellung möglichst einzuhalten.

B. Bedeutung der Gewindetoleranzen.

4. Gewindetoleranz und Festigkeit. Die in den Gewindenormen festgesetzten Gütegrade „fein“, „mittel“ und „grob“ beziehen sich auf die Gängigkeit, nicht auf die Festigkeit der Schraubenverbindungen. Für ruhende Belastung ist die beim Gütegrad „grob“ vorgeschriebene Mindesttragtiefe (Flankenüberdeckung, sichtbar in Abb. 12, S. 17) in allen Fällen ausreichend. Bei einer Verkleinerung dieser Tragtiefe auf 68% ist die vom Gewinde aufnehmbare Last noch 80% der eigentlichen Höchstlast, und erst bei 60% Verkleinerung der Tragtiefe reißt das Gewinde aus, während der Schaft noch hält. Bei Festigkeitsprüfungen von Gewinden zeigt sich die zunächst überraschende Erscheinung, daß die Bruchfestigkeit des Gewindes um $10\ldots12\%$ größer ist als die des

Abb. 4. Zerreißprobe eines eingeschraubten Gewindebolzens.

glatten Schaftes, weil nämlich das eingeschraubte Gewindestück an den Gewindegängen gehalten und so anfangs an der Streckung und damit auch an der Einschnürung gehindert wird. Abb. 4 und 5 zeigen das und lassen zugleich erkennen, wie klein die Tragtiefe des Gewindes sein darf, ohne an Festigkeit einzubüßen[1]. Damit kleine Schrauben beim Anziehen nicht abgedreht werden, muß man sie entweder aus festerem Werkstoff fertigen oder, wie im Apparatebau, Schraubenzieher mit Drehkraftbegrenzung verwenden. Der Gütegrad der Toleranz spielt auch hier für die Festigkeit der Verbindung keine Rolle. Dagegen sind verschiedene andere Punkte

---

[1] Nach K. Mütze: Die Festigkeit der Schraubenverbindung in Abhängigkeit von der Gewindetoleranz. Berlin: Julius Springer 1929.

Tabelle 1. Beispiele von Flankendurchmessertoleranzen.

Gütegrad „mittel", für verschiedene Gewinde[1]. Für Gütegrad „fein" sind diese Toleranzen mit 0,63, für Gütegrad „grob" mit 1,6 malzunehmen. Die Einschraublängen sind für die Beispiele dieser Tabelle willkürlich gewählt.

Gewinde		Außendurchmesser d	Steigung	Flankendurchmesser	Einschraublänge (Beispiele)	Flankendurchmessertoleranz[1]				Bisherige Toleranzen Gütegrad „mittel
Art	Bezeichnung					für Steigungsfehler	für Winkelfehler	für Durchmesserfehler	gesamt	
		mm	mm	mm	mm	μ	μ	μ	μ	μ
Metrisches Gewinde	M 5	5	0,8	4,480	4	25,7	40,2	30	95,9	90[2]
					6	33,9	40,2	30	104,1	—
	M 10	10	1,5	9,026	8	38,2	55,1	36	129,3	123
					12	50,5	55,1	36	141,6	—
	M 20	20	2,5	18,376	16	44,5	71,2	52	167,7	159
					24	58,4	71,2	52	181,6	—
	M 36	36	4	33,402	30	68,5	90	62	220,5	201
					45	90,3	90	62	242,3	—
	M 60	60	5,5	56,428	50	83,4	105,5	74	262,9	236
					75	109,9	105,5	74	289,4	—
Metrisches Feingewinde	M 20 × 1,5	20	1,5	19,026	15	50,5	55,1	52	157,6	169[3]
					25	66,4	55,1	52	173,5	194
	M 36 × 3	36	3	34,051	30	73,6	77,9	62	213,5	205
					45	97	77,9	62	236,9	239
	M 60 × 4	60	4	57,402	50	90,3	90	74	254,3	256
					75	119	90	74	283	276
Whitworthgewinde	¹/₂″	12,700	2,117	11,345	10	39,4	52,4	43	134,8	146[4]
					15	52,2	52,4	43	147,6	—
	⁵/₈″	15,876	2,309	14,397	13	51,0	54,7	43	148,7	153
					20	67,1	54,7	43	164,8	—
	³/₄″	19,051	2,540	17,424	15	49,8	57,4	52	159,2	160
					23	65,5	57,4	52	174,9	—
	1″	25,401	3,175	23,368	20	61,9	64,1	52	178,0	179
					30	81,7	64,1	52	197,8	—
	2″	50,802	5,645	47,187	40	70,7	85,5	74	230,2	239
					60	93,2	85,5	74	252,7	—
Whitworthrohrgewinde	R ¹/₄″	13,158	1,337	12,302	10	44,2	41,6	43	128,8	137[5]
					16	58,5	41,6	43	143,1	—
	R ¹/₂″	20,956	1,814	19,794	16	54,2	48,5	52	154,7	161
					25	71,2	48,5	52	171,7	—
	R 1″	33,250	2,309	31,771	25	67,1	54,7	62	183,8	193
					35	88,4	54,7	62	205,1	—
Trapezgewinde	Trpg 14×4	14	4	12	16	85,6	105	43	233,6	bisher
					32	148,5	105	43	296,5	
	Trpg 30×6	30	6	27	30	134,1	122,5	52	308,6	keine
					60	176,8	122,5	52	351,3	
	Trpg 50×8	50	8	46	50	164,5	148,5	62	375	Toleranzen
					100	216,7	148,5	62	427,2	
	Trpg 100×12	100	12	94	100	195,8	190,5	87	473,3	
					200	340,6	190,5	87	618,1	

[1] Nach den von Prof. Berndt aufgestellten Zahlentafeln, Werkst.-Techn. Bd. 30 (1936) Nr. 23 S. 517: „Metrische Gewinde"; Nr. 24 S. 550: „Whitwortgewinde"; Bd. 31 (1937) Nr. 2 S. 44: „Trapezgewinde".

[2] Nach DIN 13 und 14, Beiblatt 3 (Einschraublänge 0,8 d).

[3] Nach DIN-Mitt. Bd. 16 (1933) S. N 94 für die Einschraublängen dieser Tabelle berechnet.

[4] Nach DIN 11, Beiblatt 3 (Einschraublänge 0,8 d).

[5] Nach DIN-Mitt. Bd. 15 (1932) S. N 21 (Einschraublängen 9, 14 und 19 mm).

für das Fertigen und Prüfen der Gewinde sehr zu beachten, wenn die Schrauben einer **wechselnden Belastung** unterworfen werden. In diesem Falle bricht die Schraube, ganz gleichgültig, ob sie nach dem Gütegrad „fein", „mittel" oder „grob" gefertigt ist, meist nicht an der schwächsten, sondern an einer Stelle, an der infolge von Spannungen im Werkstoff, Gefügefehlern, Oberflächenrauhigkeit oder Kerbwirkungen zunächst ein ganz kleiner Anriß entstanden ist. 80% aller Schraubenbrüche sind solche sog. Dauerbrüche; davon entfallen 50% auf die Kraftangriffsstelle der Mutter, 20% auf den Gewindeauslauf und rund 10% sind Brüche am Kopf. Die Kraftangriffsstelle der Mutter liegt im ersten und zweiten Gang (Abb. 6), verschiebt sich aber bei Steigungsfehlern ans Ende, ebenso machen sich hier zusätzliche Biegebeanspruchungen ungünstig bemerkbar. Wichtig zu nehmen ist weiter

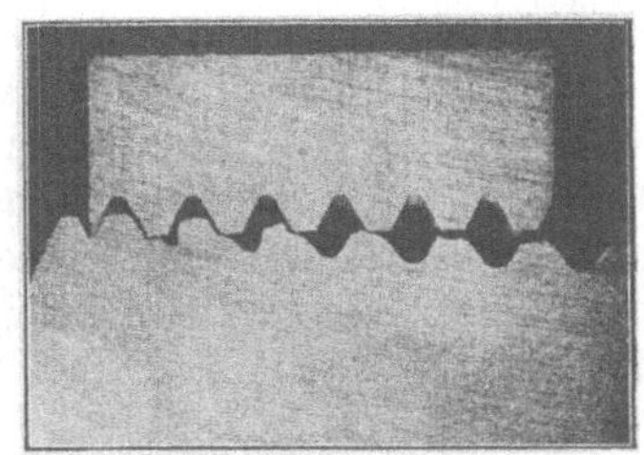

Abb. 5. Beginnendes Ausreißen eines Gewindes.

die **Kerbwirkung** der Gewindegänge. Nach Versuchen von Staedel[1] wird durch die geringe Veränderung des Ausrundungshalbmessers am Gewindegrund von 0,1 auf 0,3 mm, wobei der Kerndurchmesser von 7,816 auf 8,151 mm zunimmt, die Dauerschlagarbeit von 1,5 auf 3 cmkg, also um 100% vergrößert. Beim Übergang von groben zu feineren Gewinden nimmt ebenfalls die Dauerfestigkeit zu, weil die Kerbwirkung geringer wird.

Tabelle 2. Beispiele von Außen- und Kerndurchmesser-Toleranzen[2].

Gütegrad „mittel" und „grob", für verschiedene Gewinde: 0 bedeutet Nennmaß[3], + bedeutet Abmaß vom Nennmaß nach oben, — bedeutet Abmaß vom Nennmaß nach unten.

| Gewinde | | Bolzengewinde | | | | Muttergewinde | | |
| | | Außendurchmesser | | Kerndurchmesser | | Außendurchmesser | Kerndurchmesser | |
Art	Bezeichnung	Nennmaß mm	Toleranzgebiet μ	Nennmaß[3] mm	Toleranzgebiet μ	Nennmaß[3] mm	Nennmaß mm	Toleranzgebiet μ
Metrisches Gewinde	M 5	5	0 bis —300	3,960	0 bis —240	5	3,960	0 bis + 300
	M 10	10	0 bis —400	8,052	0 bis —328	10	8,052	0 bis + 500
	M 20	20	0 bis —500	16,752	0 bis —424	20	16,752	0 bis + 700
	M 36	36	0 bis —800	30,804	0 bis —536	36	30,804	0 bis + 1000
	M 60	60	0 bis —1000	52,856	0 bis —629	60	52,856	0 bis + 1300
Whitworthgewinde	1/2″	12,700	—25 bis —500	9,990	0 bis —390	12,700	9,990	+ 25 bis + 620
	5/8″	15,876	—30 bis —476	12,918	0 bis —408	15,876	12,918	+ 30 bis + 680
	3/4″	19,051	—33 bis —551	15,798	0 bis —427	19,051	15,798	+ 33 bis + 740
	1″	25,401	40 bis 601	21,335	0 bis 177	25,401	21,335	40 bis 850
	2″	50,802	—70 bis —1002	43,573	0 bis —637	50,802	43,573	+ 70 bis + 1250

[1] Staedel, W.: Über den Einfluß der Kernausrundung auf den Bruch der Schraube bei Wechsellast. Mitt. Mat.-Prüf.-Anst. der T. H. Darmstadt Jg. 1933 Heft 4.
[2] Nach den Beiblättern Nr. 3 zu DIN 11 für das Withworthgewinde und DIN 13/14 für das metrische Gewinde. Die Beiblätter Nr. 1 und 2 für Gütegrad „fein" werden zur Zeit (1937) neu bearbeitet.
[3] Nennmaße sind die genormten Gewindemaße. Auch bei dem metrischen Gewinde ist der größte Kerndurchmesser des Bolzengewindes gleich dem theoretischen Kerndurchmesser der Mutter und der kleinste Außendurchmesser des Muttergewindes gleich dem theoretischen Außendurchmesser des Bolzens. Für den Außendurchmesser des Muttergewindes kommt + Toleranz in Frage. Auf zahlenmäßige Festlegung hat man verzichtet, weil Festigkeitsherabminderung durch Kerbwirkung nicht, wie beim Bolzen, zu befürchten ist (vgl. Sitzungsbericht Ausschuß „Gewindetoleranzen" vom 9. April 1929, DIN-Mitt. Bd. 12 [1929] S. N75).

Um Kerbwirkungen am Gewindeauslauf zu vermeiden, soll das Gewinde grundsätzlich mit einem Winkel von 15° auslaufen. Ist das nicht möglich, so ist eine Gewinderille von einer Breite, die gleich dem Schraubendurchmesser ist, mit runden Übergängen vom Kerndurchmesser zum Gewindedurchmesser vorteilhaft[1]. Schließlich ist noch die Ausrundung am Kopf zu beachten. Der Halbmesser soll dabei nicht kleiner sein als $^1/_{20}$ des Schaftdurchmessers.

Der Einfluß der Oberflächengüte zeigt sich an der Überlegenheit von gewalzten (Abschn. 16) oder nachträglich gedrückten Gewinden gegenüber geschnittenen. Durch das Glätten und Verdichten der Oberfläche wird die Anrißgefahr selbst bei zusätzlichen Biegebeanspruchungen verringert.

Leider werden die hier dargelegten Erfahrungen in der Praxis nur wenig beachtet. Man macht fast überall den wirtschaftlichen Unfug mit und verwirft Gewinde als Ausschuß, die in bezug auf Oberflächengüte vollkommen einwandfrei sind und die lediglich die Toleranz um $^1/_{100} \ldots ^2/_{100}$ mm überschreiten. Man sollte sich bei Abnahme von Befestigungsschrauben hinsichtlich der Toleranz damit begnügen, daß die Zusammenschraubbarkeit gewährleistet ist, und dann vor allem der Oberflächengüte, dem Flankenwinkel, den Querschnittübergängen, Ausrundungen usw., also den Eigenschaften, die auf die Festigkeit und Verformbarkeit Einfluß haben, erhöhte Aufmerksamkeit schenken.

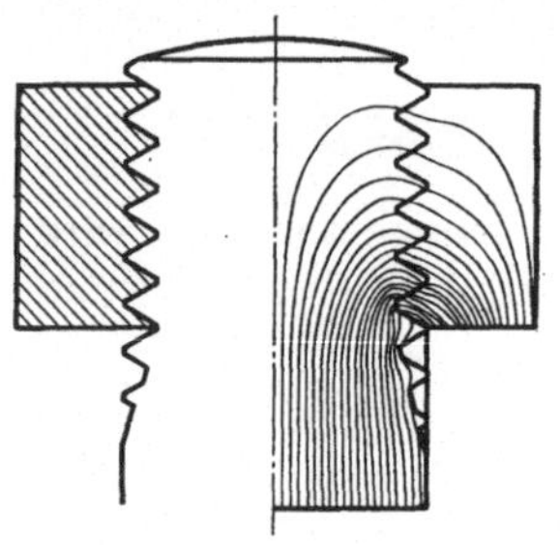

Abb. 6.   Kraftlinienverlauf zwischen Bolzen und Mutter bei angezogener Schraube.

5. Die Zuordnung der Gewindetoleranzen zur Verwendung der Gewinde. Wenn die Festigkeit der Schraubenverbindung durch die Toleranz nicht beeinflußt wird, dann können es nur Vorteile in der Verwendung oder Handhabung sein, die genauere oder ungenauere Abmaße von Gewinden fordern. Man kann die Schrauben ihrer Verwendung nach unterteilen und jedem Verwendungszweck eine bestimmte Toleranz geben. Das ist selbstverständlich nicht einfach und bis zu einem gewissen Grade Anschauungssache.

a) Für Verbindungselemente, die für dauernd feste Verbindungen vorgesehen sind und nur eine Belastung oder Beanspruchung auf Festigkeit auszuhalten haben, kommt unseren bisherigen Erfahrungen nach nur Gütegrad „grob" in Frage, da hier selbst die Oberflächenbeschaffenheit bzw. Kerbwirkung keine wesentliche Rolle spielt.

b) Bei lösbaren und nachstellbaren Verbindungen muß dagegen noch berücksichtigt werden, daß sich beim Anziehen und Lösen der Schrauben Unebenheiten, Winkel- und Steigungsfehler wegdrücken, daß die Schrauben sich selbst wieder lösen und das Spiel sich im Laufe der Zeit durch erneutes Anziehen vergrößert. Um zu vermeiden, daß diese Schrauben allmählich die Toleranzgrenze „grob" überschreiten, setzt man für sie den Gütegrad „mittel" ein.

c) Schrauben, die Erschütterungen ausgesetzt sind, unbedingt nach dem Gütegrad „fein" zu fertigen, was oft verlangt wird, ist durchaus nicht notwendig. Wenn die Schraube eine genügende Vorspannung hat und gegen selbsttätiges Lösen gesichert ist, dann ist es vollkommen gleichgültig, ob das Spiel, das ja immer vorhanden ist, im Gütegrad „fein" oder „mittel" liegt. Man sollte bei derartigen Schrauben nur Einhaltung der Flankenwinkel und Steigungen fordern und diese nicht als Gesamtfehler zulassen (Abschn. 3), damit das Gewinde

---

[1] Siehe „Denbus"-Schrauben der Fa. Bauer & Schaurte, Neuß.

überall und jeder Gang für sich am Gegenstück anliegt, denn nur die gute Flankenanlage bürgt für guten Sitz. Die Flankenanlage kann aber nach Gütegrad „fein" genau so schlecht sein wie nach Gütegrad „grob", wenn lediglich die Summe der Steigungs-, Winkel- und Durchmesserfehler am Flankendurchmesser geprüft wird.

d) Bei den Spannschrauben kann durch die Toleranz „mittel" für dauernd festes Spannen bei ruhender oder wenig wechselnder Last ein leichtes Gleiten erzielt werden. Sind die Spannvorgänge dagegen schnell und oft notwendig, bei geringerer Belastung mit weichen Schrauben oder bei stärkerer Belastung mit harten oder vergüteten Schrauben, so kommt nur die Toleranz „grob" in Frage, die das zum selbsttätigen Zentrieren des Bolzens in der Mutter notwendige Spiel und auch die leichte Beweglichkeit hergibt. Bei Spannzangen für Drehbänke usw. ist sogar vorweg ein Mindestspiel von 0,05 mm zwischen Pinole und Zange notwendig. Es ist selbstverständlich vorteilhaft, Flankenwinkel und Steigung auch in diesem Falle für sich innerhalb gewisser Fehlergrenzen zu halten. Geeignet sind die bei Gütegrad „mittel" nach der Berndtschen Formel zu berechnenden Teilbeträge der Flankendurchmessertoleranz (vgl. Abschn. 3 und Tabelle 1).

e) Einfachere Bewegungsspindeln, die nicht zugleich auch zum Messen dienen sollen, können ebenfalls ohne weiteres nach Toleranz „mittel" gefertigt werden. Eine zu schnelle Abnutzung ist dabei noch nicht zu befürchten.

f) Bewegungsspindeln zur Maßübertragung, z. B. Meßspindeln, erfordern selbstverständlich den Gütegrad „fein", nicht um den durch die Toleranz entstehenden toten Gang auszuschalten, sondern um möglichst genaue Flankenwinkel und Steigungen und dadurch geringere Abnutzung zu erhalten.

So ergibt sich als ganz allgemeine Vorbedingung für ein wirtschaftliches Arbeiten bei hoher Fertigungsgüte, daß das Hauptaugenmerk beim Herstellen, Messen und Prüfen auf den Flankenwinkel und die Steigung zu richten ist und nicht Gewindestücke dann verworfen werden, wenn sie im Flankendurchmesser den vorgesehenen Gütegrad überschreiten, in Flankenwinkel und Steigung aber sehr gut sind. Nach dem „Wackeln" zweier Gewindestücke kann man ihre Güte nie beurteilen. In Sonderfällen sollte man, statt enge Toleranzen für den Flankendurchmesser vorzuschreiben, lieber den Versuch machen, Flankenwinkel und Steigung für sich zu tolerieren, und das dann auch seitens der Abnahmestellen beachten. Gerade die Prüfstellen sind in der Lage, gemeinsam mit den Betriebsleuten die vorgeschriebenen Toleranzen den tatsächlichen Betriebsnotwendigkeiten entsprechend zu verbessern.

g) Für verschiedene Gewinde, in der Hauptsache bei Stehbolzen für Motoren usw., wird ein Festsitz des Gewindes verlangt, d. h. der Gewindebolzen muß so fest sitzen, daß die Mutter gelöst werden kann, ohne daß sich zugleich auch der Bolzen (Stiftschraube) löst. Zum sicheren Festsitz des Bolzens muß ein bestimmtes, begrenztes Übermaß, eine sog. Verspannung, vorhanden sein. Wohin diese zu verlegen ist, ob sie am Außendurchmesser, Kerndurchmesser, Flankendurchmesser oder axial wirken soll, ist nur dann von Bedeutung, wenn z. B. ein Stehbolzen auswechselbar sein muß. In diesem Falle muß die Verspannung so liegen, daß ein Verformen des Gewindes an den Festsitzstellen nicht oder nur in geringem Maße möglich ist. Praktisch kommen Längsverspannung, Ringverspannung und eine Vereinigung beider in Frage.

Längsverspannung ist vorhanden, wenn der Stehbolzen mit einem Bund am Gewinderand oder bei Sacklöchern am Gewindegrund aufsitzt.

Eine brauchbare Ringverspannung ist nach den bis jetzt vorliegenden Versuchsergebnissen nur bei Verspannung im Flankendurchmesser vorhanden;

Festsitz im Kerndurchmesser oder Außendurchmesser ist unsicher, weil sich die Gewindespitzen leicht verformen, und daher nur zulässig, wenn ein Auswechseln des Stehbolzens nicht in Frage kommt.

Vereinigte Längs- und Ringverspannung ist heute bei fast allen Gewindefestsitzen vorhanden, wenn auch unwillkürlich: die Stehbolzen sitzen meistens im Gewindeauslauf des Bolzens fest.

Zwecks reiner Ringverspannung im Flankendurchmesser müßte das Gewinde im Flankenwinkel und in der Steigung sehr genau gearbeitet sein. Die Mutter dürfte 0 bis $+40\,\mu$ und der Bolzen $+50$ bis $+80\,\mu$ nicht überschreiten. Diese Toleranz bedeutet, daß das Gewinde z. B. bei 1,5 mm Steigung einen Steigungsfehler von rund 0,01 mm und einen Flankenwinkelfehler von rund 25 min nicht überschreiten darf. Der Flankendurchmesser müßte mit drei Drähten (Abschn. 23) und die Steigung optisch (Abschn. 24) gemessen werden.

Im allgemeinen ist man ja mit geringeren Werten zufrieden, und es ist möglich, einen annehmbaren Festsitz zu erhalten, wenn es gelingt, das Innengewinde gleichmäßig genau herzustellen. Versuche, an den verschiedensten Stellen durchgeführt, haben ergeben, daß unter Berücksichtigung des zu schneidenden Werkstoffes und des verwendeten Schmiermittels Innengewinde mit $40\,\mu$ Toleranz geschnitten werden können. Dazu müssen aber die Gewindebohrer in jedem Falle erst nachgearbeitet werden, denn für jede Werkstoffart ist ein anderer Spanwinkel und Flankendurchmesser notwendig (Abschn. 44). Fertigt man das dazugehörige Stehbolzengewinde auf der Fräsmaschine und prüft die Stehbolzen mit drei Drähten, so daß man mit Sicherheit $+50\,\mu$ bis $+80\,\mu$ oder die entsprechende Toleranz zu dem Innengewinde abgestimmt erhält, dann ist es nur notwendig, mehrere, im allgemeinen 2…3 Sorten von Stehbolzen auf Lager zu halten, um zu jedem Innengewinde einen den einwandfreien Festsitz gewährenden Stehbolzen herauszufinden.

6. Voraussetzungen für die Austauschbarkeit von Gewindeteilen. Der Sinn einer Tolerierung ist, an verschiedenen Orten und von verschiedenen Personen hergestellte Gewindestücke untereinander austauschen zu können. Das gelingt bei Gewinden in allen Fällen dann, wenn der Bolzen das Größtmaß nicht über-, die Mutter das Kleinstmaß nicht unterschreitet. Die Festlegung dieser Grenzmaße ergibt die Gutseite der Gewindestücke. Bei den Rundpassungen, zumal bei Haftsitzen, ist die Austauschbarkeit von Gut- und Ausschußseite abhängig, bei den Gewinden jedoch nur von der Gutseite. Auf der Minusseite des Gewindebolzens und der Plusseite der Mutter braucht man nur dann Grenzmaße festzulegen, wenn dieser Grenzwert die Tragtiefe der Gewindeflanken und dadurch die Festigkeit der Schraubenverbindung verbürgen soll (Abb. 1…3).

Für die Praxis wird je nach dem Verwendungszweck, ähnlich wie bei den Rundpassungen, bald eine leicht, bald eine zügig gehende Schraube verlangt. Aus diesen Bedürfnissen heraus hat man nach umfangreichen Messungen handelsüblicher Schrauben, also von der Herstellungsmöglichkeit ausgehend, die drei Gütegrade „fein", „mittel" und „grob" festgelegt. In allen drei Fällen kann an der Gutseite zügig, an der Ausschußseite leicht gehendes oder bei vorhandenen Winkel- und Steigungsfehlern immer zügig gehendes Gewinde erreicht werden. Ob Gütegrad fein, mittel oder grob, alle Gewindestücke sind immer untereinander auswechselbar, solange sie von der Gutseite weg und nach der Ausschußseite zu liegen. An der Gutseite liegende Gewindestücke austauschbar zu fertigen, ist sehr schwierig. Um dieses möglich zu machen, müssen alle Meßstellen an den beteiligten Orten gleiche Maße und Meßmittel zur Verfügung haben. Zwei Personen können beim Messen eines Gewindebolzens mit drei verschiedenen Geräten $2 \times 3 = 6$ verschiedene Ergebnisse erzielen, die je nach dem Zustand der Meßgeräte so stark voneinander abweichen können, daß diese Meßunterschiede allein schon die Größe der Toleranz aufbrauchen. Um austauschbar fertigen zu können, muß man allgemein drei verschiedene Meßgenauigkeiten in bestimmter Abstufung innehalten, nämlich am Werkstück, an der Lehre, mit der man das Werkstück mißt, und an dem Endmaß als Vergleichs- oder Urmaß, nach welchem die Lehre gefertigt oder eingestellt wird. Dabei soll grundsätzlich jede folgende Stufe ungefähr die zehnfache Genauigkeit der vorhergehenden haben. Ist z. B. für ein Gewinde eine Toleranz von 0,10 mm gefordert, dann muß die zum Prüfen dieses Gewindes verwendete Lehre mit 0,01 mm und das Endmaß, nach dem die Lehre eingestellt ist, mit einer Genauigkeit von 0,001 mm gefertigt sein. Praktisch ist die Genauigkeit neuer Endmaße größer. Zum Vergleich mit den Toleranzangaben der Tabellen 1 und 2 (S. 8/9) sind in Tabelle 3 die zulässigen Ungenauigkeiten

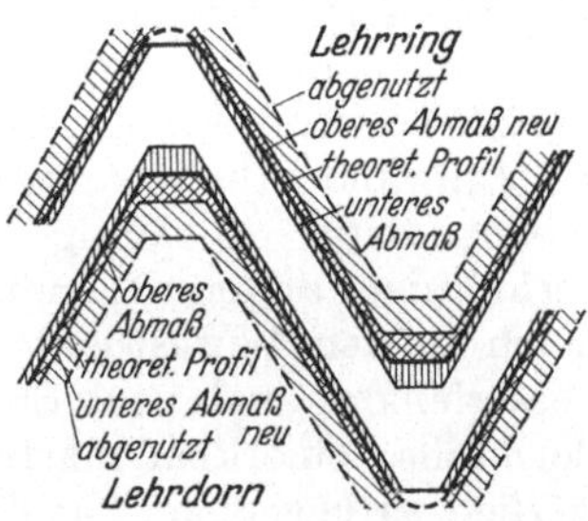

Abb. 7. Toleranzen und zulässige Abnutzung für Gewindelehren. Der Lehrring ist am Außendurchmesser, der Lehrdorn am Kerndurchmesser freigearbeitet.

einiger Parallelendmaße wiedergegeben und in Tabelle 4 die Toleranzen von Gewindelehren. In dieser Tabelle sind außerdem noch Zahlen über die zulässige Abnutzung der Gewindelehren enthalten, deren Lage aus Abb. 7 zu erkennen ist.

Tabelle 3. Beispiele für die zulässige Ungenauigkeit von Parallelendmaßen (nach DIN 861) in μ (1 μ = $^{1}/_{1000}$ mm).

Länge des Endmaßes . . . . mm		0,1	10	20	30	60
Größte Abweichung des Mittelmaßes vom Sollwert	Genauigkeitsgrad I ±	0,2	0,25	0,3	0,35	0,5
	„ II ±	0,5	0,6	0,7	0,8	1,1
	„ III ±	1,0	1,2	1,4	1,6	2,2

Tabelle 4.
Herstellungsabmaße und zulässige Abnutzungen für Gewindelehren[1] in μ, Beispiele nach Beiblatt 5 zu DIN 13/14 und DIN 11.

Gewinde		Gut-Lehren						Ausschuß-Lehren			
Art	Bezeich-nung	Außendurchmesser Lehrdorn Kerndurchmesser Lehrring		Lehrdorn und Lehrring Flanken-durchmesser		Stei-gung	Halber Flanken-winkel ±	Flanken-durchmesser Lehrdorn		Stei-gung	Halber Flanken-winkel ±
		neu +	abgenutzt — bzw. +	neu +	abgenutzt — bzw. +	+	min	oberes Abmaß +	unteres Abmaß	+	min
Metrisches Gewinde	M 5	6	16	4	16	4	16	8	0	4	16
	M 10	8	20	5	20	4	12	10	0	4	14
	M 20	8	20	5	20	5	9	10	0	5	13
	M 36	8	20	5	20	5	8	10	0	5	11
	M 60	9	24	6	24	6	8	12	0	6	10
Whitworth-gewinde	$^{1}/_{2}''$	8	20	5	20	5	11	10	0	5	15
	$^{5}/_{8}''$	8	20	5	20	5	11	10	0	5	15
	$^{3}/_{4}''$	8	20	5	20	5	11	10	0	5	14
	$1''$	8	20	5	20	5	10	10	0	5	13
	$2''$	9	24	6	24	5	8	12	0	5	11

[1] Für das Prüfen von Gewindelehren sind in den Normblättern noch eine Reihe von Anmerkungen und Erläuterungen angegeben. Ferner ist dazu auch DIN 2244 zu berücksichtigen.

An dieser Stelle sei auf eine grundsätzliche Erscheinung hingewiesen, die bei allen Werkstückprüfungen mit Lehren vorkommen kann. Nach Abb. 7 besteht die Möglichkeit, daß ein sehr sorgfältig hergestellter Lehrring mit dem unteren Abmaß, also enger ausgeführt ist als das theoretisch genaue Gewinde. Hätte man nun einen Gewindebolzen, der genau die Maße des theoretischen Gewindes besitzt, so könnte man jenen Lehrring nicht darüber schrauben. Folglich könnte der Einwand erhoben werden, daß eigentlich ein Lehrring keine Minustoleranz haben dürfte. So richtig diese Überlegung zu sein scheint, praktisch liegen die Verhältnisse anders: Einmal sind die Toleranzen der Lehren sehr klein im Vergleich zu den Werkstücktoleranzen, außerdem hat jedes Gewinde neben Durchmesserfehlern auch noch Steigungs- und Winkelfehler, die sich beim Einschrauben gleichfalls bemerkbar machen. Um aber allen spitzfindigen Überlegungen grundsätzlich zu begegnen, hat das Unterkomitee ISA 2a festgestellt[1], daß „die in den Normblättern angegebenen Zahlen nicht die Grenzen der Werkstücke, sondern die Ausgangsmaße der Lehren (Sollmaße) für die Aufstellung der Toleranzen sein sollen". Das heißt aber, wenn nach Lehren gearbeitet wird, so sind die Lehren maßgebend und nicht andere Messungen an Werkstücken. An und für sich liegen die Verhältnisse für die Austauschbarkeit von Gewinden günstiger, wenn die Lehren innerhalb der zulässigen Herstellungsgrenzen liegen. Lehren, die nach der Abnutzungsseite zu liegen, verbürgen die Austauschbarkeit, wenn sie abgenutzt sind, nicht mehr (s. Abschn. 32). Bedingung ist natürlich stets, daß die Lehren selbst stimmen.

Tabelle 5 deutet an, in welcher Weise den gröberen Toleranzen auch einfacher zu handhabende Meßgeräte zugeordnet sind. Die Geräte selbst und ihre Verwendung werden später noch behandelt.

Tabelle 5. Zuordnung der Meßgeräte zur Meßgenauigkeit.

Zulässige Abweichung	Meßgeräte	Meßort
Lehrentoleranzen von 0,001 bis 0,01 mm	Feinmeßmaschine Optimeter mit drei Drähten	Feinmeßraum
Werkstücktoleranzen „fein"	Meßmikroskop, Optimeter, Feinmeßschraube, Einstellgeräte	Meßraum
Werkstücktoleranzen „mittel"	Grenzlehren, Feinmeßschraube, Feinmeßschraube mit drei Drähten, Einstellgeräte	Werkstätte und Meßraum
Werkstücktoleranzen „grob"	Normallehren, Grenzlehren	Werkstätte

II. Grundsätzliches über das Herstellen und Messen der Gewinde.

A. Die Beziehungen zwischen Herstell- und Meßgenauigkeit.

7. Genauigkeit und Wirtschaftlichkeit. Jede Maschinengattung, die zum Herstellen von Gewinden dient, z. B. Drehbank, Drehautomat, Gewindefräsmaschine, Gewindeschleifmaschine, Gewinderollbank usw., arbeitet mehr oder weniger genau. Nehmen wir an, ein Werkstück solle z. B. 30 mm Durchmesser erhalten, so wird dieses Maß bei dem einen Herstellverfahren vielleicht zwischen 29,90 und 30,10 mm

---

[1] DIN-Mitt. Bd. 20 (1937) S. N 12.

groß werden, bei einem anderen vielleicht zwischen 29,95 und 30,05 mm. Dann ist die Herstellgenauigkeit im ersten Falle 30,10 — 29,90 = 0,20 mm, im zweiten 30,05 — 29,95 = 0,10 mm. Diese von den angewendeten Maschinen und Arbeitsverfahren abhängigen Herstellgenauigkeiten geben in Verbindung mit den Herstellungskosten die Grundlagen für die Festlegung der zulässigen Abweichung. In Verbindung mit den Herstellungskosten deswegen, weil sonst die zusammenzuschraubenden Teile zu teuer werden, so daß man sie in manchen Fällen vielleicht billiger nietet oder schweißt und bei Abnutzung das Ganze erneuert. In vielen Fällen muß man daher die zulässige Abweichung so festlegen, daß eine entsprechend billige Herstellung möglich wird.

Allgemein entnimmt man die zulässigen Abweichungen für ein Gewinde dem für das Teil wirtschaftlichsten Fertigungsverfahren und bezeichnet sie als Toleranz. In Sonderfällen, z. B. für Gewinde, die großen Erschütterungen oder Dauerbeanspruchungen ausgesetzt sind, muß man besondere Toleranzen und entsprechende Fertigungsverfahren oder ganz andere Befestigungsmittel wählen. Unsinnig wäre es, einfach durch eine Vorschrift die Toleranzen zu verkleinern, ohne zugleich die Fertigungsmaschinen oder Arbeitsverfahren zu verbessern oder günstigere, wenn auch teurere Verfahren zu wählen. Hohe Ausschußziffern, umfangreiche Kontrollen und damit höchste Unwirtschaftlichkeit wären die Folgen.

Somit kann man den anzuwendenden Gütegrad der Toleranzen nur im Hinblick auf die Arbeitsgenauigkeit der Maschinen und Verfahren bestimmen. Auch auf das Messen selbst, d. h. auf das Feststellen der wirklichen Maße oder auf ihren Vergleich mit vorgeschriebenen Maßen, hat das Herstellverfahren einen Einfluß. Je weniger glatt und sauber die Flächen und je weniger vollkommen ausgeprägt die geometrische Form der Gewindegänge (Profil) ist, um so weniger genau ist es möglich, die Abweichungen des zu messenden Gewindes, also seiner Winkel, Durchmesser und Steigungen von dem vorgeschriebenen Idealgewinde oder Musterstück zu ermitteln. Diese so gekennzeichneten Mängel der Oberflächengüte und der geometrischen Form bewirken zusammen mit den Fehlern des Meßgerätes und seiner Bauteile, mit Temperatureinflüssen, Meßdruck und Ablesefehlern die **Messungenauigkeit**. Dabei sind aber die aus falscher Handhabung der Meßgeräte entstehenden Fehler nicht hinzuzurechnen; sie bilden je nach Zuverlässigkeit der messenden Person die entstehende **Meßunsicherheit**.

Je größer nun die aus dem Fertigungsverfahren entstehende Meßgenauigkeit ist, um so genauer können die wirklichen Maße eines Gewindes bestimmt werden und um so engere Toleranzen — Wirtschaftlichkeit der Fertigung vorausgesetzt — kann man festlegen. Somit hat auch die Herstellungsgüte auf Grund der durch sie beeinflußten Meßgenauigkeit noch einen Einfluß auf das Tolerieren, was schon bei der Konstruktion beachtet werden sollte[1].

8. Die Bestimmungsgrößen der Gewinde. Beim Messen und Prüfen von Gewinden hat man es nicht wie bei glatten Drehkörpern mit nur einer Bestimmungsgröße, dem Durchmesser, zu tun, sondern im Bereich der Werkstätte mit **fünf** Bestimmungsgrößen: Außendurchmesser, Kerndurchmesser, Flankendurchmesser, Flankenwinkel und Steigung, die außerdem noch voneinander abhängig sind. Zu erklären ist hier nur, daß der Flankendurchmesser sich stets auf die Mitte der Flanken bezieht, d. h. auf die Stelle, an welcher die Zahndicke gleich der Lücke ist[2].

---

[1] Siehe auch Kreß: Wirtschaftliche Herstellungsgenauigkeiten. Werkstatt u. Betrieb Jg. 71 (1938) Heft 7/8.

[2] Ausführliche Angaben über die verschiedenen Gewindeformen und ihre Herstellung s. im Werkstattbuch Heft 1: Gewindeschneiden.

In Abb. 8 und 9 stellen die voll ausgezogenen Linien ein vollkommenes Spitzgewinde dar. In Abb. 8 ist außerdem gestrichelt ein Gewinde mit dem gleichen Flankendurchmesser, aber anderem Flankenwinkel eingezeichnet (fehlerhafte

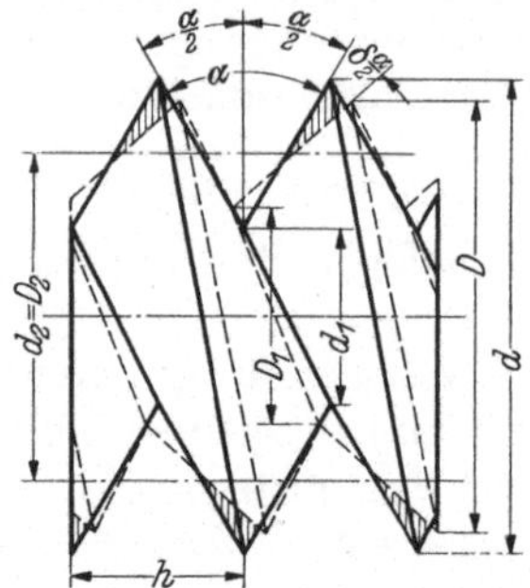

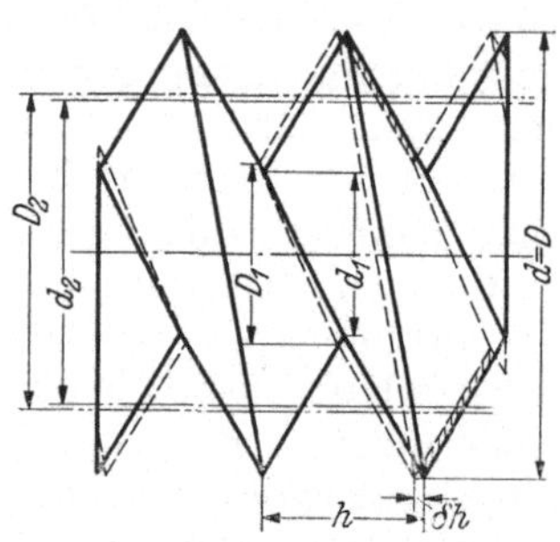

Abb. 8. Flankenwinkelfehler.   Abb. 9. Steigungsfehler.

Bezeichnungen nach Normblatt DIN 13 und 14: D Durchmesser der Mutter (mm), d Durchmesser des Bolzens (mm), und zwar: D, d Außendurchmesser; D_1, d_1 Kerndurchmesser; D_2, d_2 Flankendurchmesser; h Steigung (mm); δh Steigungsfehler (in $\mu = \frac{1}{1000}$ mm); α Flankenwinkel (°), $\alpha/2$ Teilflankenwinkel (°); $\delta\alpha/2$ Teilflankenwinkelfehler (' = Bogenminute); f Abweichung vom theoretischen Flankendurchmesser (mm), und zwar f_h hervorgerufen vom Steigungsfehler, f_α hervorgerufen vom Teilflankenwinkelfehler (Abb. 10 und 11).

Anmerkung: D, d und D_1, d_1 sind die wirklichen, also die durch Abflachung, Abrundung und Ausrundung an den Gewindespitzen und am Gewindegrunde entstandenen Durchmesser.

Mutter). In Abb. 9 wurde, ebenfalls gestrichelt, ein Gewinde mit gleichem Flankenwinkel, aber kleinerer Steigung, hinzugefügt. In Abb. 8 bleiben trotz der Veränderung des Flankenwinkels der Flankendurchmesser und die Steigung gleich,

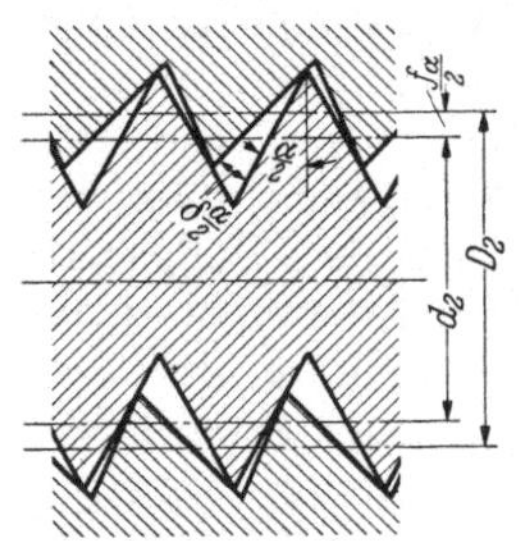

Abb. 10.
Vergrößerung des Flankendurchmessers bei Flankenwinkelfehlern.

nur Außendurchmesser und Innendurchmesser des gestrichelten Gewindes sind anders geworden. In Abb. 9 ist trotz anderer Steigung der Außendurchmesser gleichgeblieben, Innendurchmesser und Flankendurchmesser aber haben sich verändert. Obwohl nun in Abb. 8 der Flankendurchmesser von Bolzen und Mutter gleich und in Abb. 9 der Flankendurchmesser der Mutter sogar größer ist, kann man in beiden Fällen Bolzen und Mutter nicht zusammenschrauben, wie an den schraffierten Überschneidungsflächen zu erkennen ist. Es genügt also nicht, einzelne Bestimmungsgrößen zu prüfen, wenn man das Zusammenpassen zweier Gewinde feststellen will.

In Abb. 10 und 11 lassen sich Bolzen und Mutter zusammenschrauben. Man sieht aber, daß zu diesem Zweck entweder die Mutter vergrößert oder der Bolzen verkleinert werden mußte. Diese Veränderungen f_h und f_α werden später (Abschnitt 9) berechnet. Außer den in Abb. 8...11

dargestellten Fällen besteht noch die Möglichkeit, daß der Bolzen, ohne Änderung der Flankenwinkel und Steigungen, im Flankendurchmesser kleiner wird, dann entsteht außer den durch die Herstellungsungenauigkeiten bedingten Maßunterschieden auch noch ein Spiel zwischen Bolzen und Mutter. Aus diesen Gründen braucht man in der Werkstatt Toleranzen für die drei Fehlerarten:

Abb. 11. Vergrößerung des Flankendurchmessers bei Steigungsfehlern.

Steigungsfehler, Flankenwinkelfehler und Flankendurchmesserfehler. Diese Toleranzen können praktisch nur durch Änderung des Flankendurchmessers nutzbar werden. Das ist in Abb. 12 übertrieben dargestellt: der Bolzen ist als der kleinstzulässige und die Mutter als die größtzulässige gezeichnet (Gewinde mit Spitzenspiel). Unter Voraussetzung der genauen Gewindeform für Bolzen und Mutter, also bei fehlerlosen Steigungen und Flankenwinkeln (ideales Gewinde), ist das größtmögliche Spiel durch die Unterschiede des Flankendurchmessers $f = D_2 - d_2$ gegeben. Dieses Spiel kann jedoch, wie Abb. 10 und 11 erkennen lassen, durch fehlerhafte Flankenwinkel oder Steigungen voll aufgebraucht werden, so daß damit bei festliegenden Durchmessertoleranzen grundsätzlich das zulässige Größtmaß dieser Fehler gegeben ist (vgl. Abb. 14 und 15).

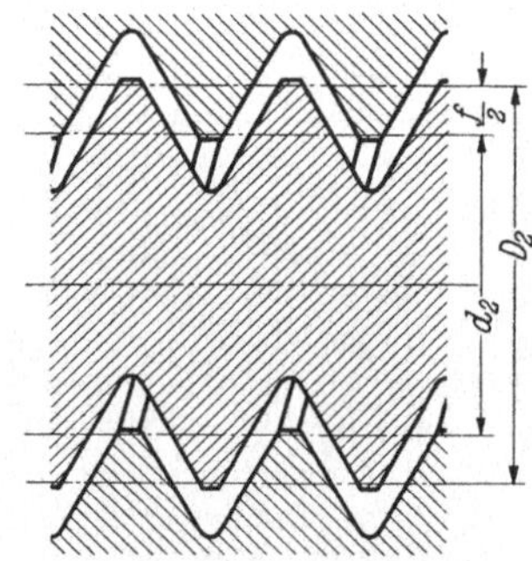

Abb. 12. Größtspiel infolge Toleranz f bei kleinstem idealen Bolzen d_2 und größter idealer Mutter D_2 (übertrieben).

9. Flankenwinkel- und Steigungsfehler. In Abb. 13 sei ACB das Profil der genau hergestellten Mutter und ADB das fehlerhafte Profil des Bolzens mit dem halben Flankenwinkel $\alpha/2 + \delta\alpha/2$. Wäre das Bolzengewinde auch genau, so fielen die Flanken BD und BC zusammen, also Punkt F auf G. Dadurch, daß die Flanken um $\delta\alpha/2$ gegeneinander geneigt sind, wird der Flankendurchmesser d_2 um $2FG$ kleiner als D_2. Diese Verkleinerung f_α kann man folgendermaßen berechnen:

Der mit BF als Halbmesser um B beschriebene Kreisbogen FH hat die Länge

$$FH = \frac{2\pi\, BF}{360 \cdot 60}\, \delta\, \frac{\alpha}{2} = 0{,}000291\, BF\, \delta\, \frac{\alpha}{2}.$$

Darin ist $\delta\alpha/2$ in Winkelminuten gerechnet.

Denkt man sich nun diesen Kreisbogen FH, der ja praktisch sehr kurz ist, als gerade Linie, so kann man GHF als rechtwinkliges Dreieck ansehen und daraus erhalten:

$$FG = \frac{FH}{\sin \alpha/2}\,,\quad \text{also}\quad f_{\alpha/2} = FG = \frac{0{,}000291\, BF}{\sin \alpha/2}\, \delta\, \alpha/2\,.$$

Nun ist $BF = {}^{1}/_{2} BD$, und da aus dem rechtwinkligen Dreieck DEB ferner

$$BD = \frac{t_2}{\cos(\alpha/2 + \delta\alpha/2)}\,,\quad \text{so wird}$$

$$f_\alpha = \frac{0{,}000291\, t_2}{\sin \alpha/2\, \cos(\alpha/2 + \delta\alpha/2)}\, \delta\, \frac{\alpha}{2}\,.$$

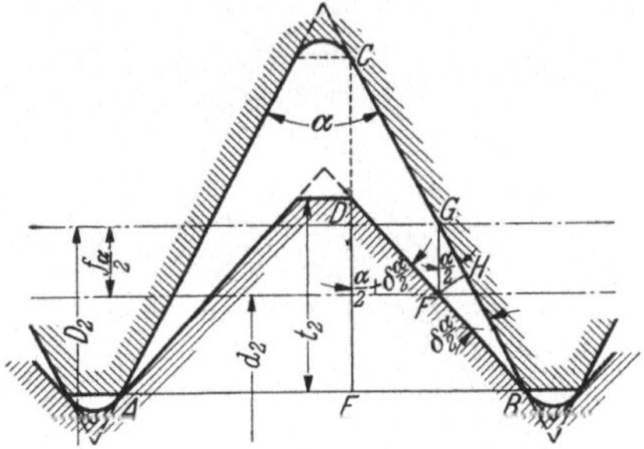

Abb. 13. Flankenwinkelfehler und Flankendurchmesser.

Da $\delta\alpha/2$ gegenüber $\alpha/2$ sehr klein ist, so macht man nur einen kleinen Fehler, wenn man unter dem Bruchstrich einfach schreibt $\sin \alpha/2 \cos \alpha/2$. Das Gesamtergebnis wird dadurch bei $\delta\alpha/2 = 10'$ um 0,2 % und bei $\delta\alpha/2 = 50'$ um 1,5 % falsch. Für $\sin\alpha/2 \cos\alpha/2$ kann man setzen $^{1}/_{2} \sin\alpha$. Will man nun f_α in μ ($1\mu = {}^{1}/_{1000}$ mm) ausdrücken, so muß man, da t_2 in Millimeter eingesetzt wird, über dem Bruchstrich noch mit 1000 malnehmen, so daß sich ergibt:

$$f_\alpha = \frac{0{,}582\, t_2}{\sin \alpha}\, \delta\, \frac{\alpha}{2} \tag{1}$$

Ist das fehlerhafte Profil unsymmetrisch, so ist stets der größere Teilflankenwinkelfehler in die Rechnung einzusetzen.

Beim **metrischen Gewinde** ist $\alpha = 60^{\circ}$, und für t_2 kann man die genormte

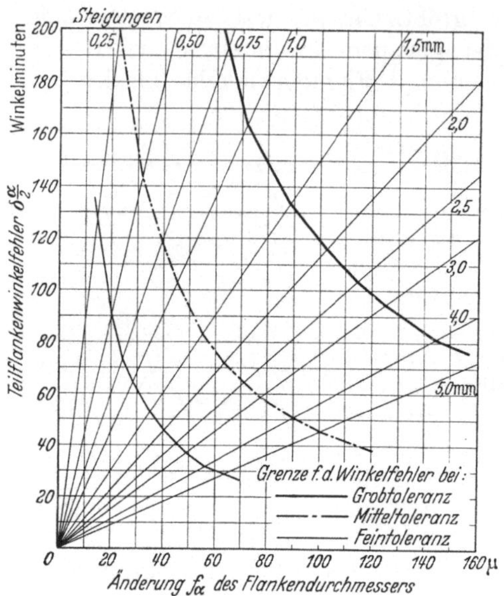

Abb. 14. Vergrößerung oder Verkleinerung des Flankendurchmessers unter dem Einfluß der Flankenwinkelfehler bei metrischem Gewinde.

Tragtiefe mit $0,65\,h$, worin h die Steigung bedeutet (Abb. 1), in die Gleichung einsetzen. Man erhält dann

$$f_\alpha = \frac{0,582 \cdot 0,65}{\sin 60^0}\,h\,\delta\,\frac{\alpha}{2} = 0,4368\,h\,\delta\,\frac{\alpha}{2}\,.$$

Mit diesem Ausdruck wurde die Lage der Strahlen in Abb. 14 berechnet, außerdem sind darin die Fehlergrenzen für den Teilflankenwinkel bei Grob-, Mittel- und Feintoleranz nach Werkst.-Techn. Bd. 30 (1936) Nr. 23 S. 517 eingezeichnet worden (vgl. Tabelle 1, S. 8).

In derselben Weise erhält man aus Gl. 1 für **Whitworthgewinde** mit $\alpha = 55^0$ und $t_2 = 0,64\,h$ (Abb. 2)

$$f_\alpha = 0,4547\,h\,\delta\alpha/2$$

und für **Trapezgewinde** mit $\alpha = 30^0$ und $t_2 = $ rund $0,5\,h$ (Abb. 3)

$$f_\alpha = 0,582\,h\,\delta\alpha/2 \quad \text{(Abb. 56, S. 51).}$$

Für den Einfluß des Steigungsfehlers auf den Flankendurchmesser kann man ohne Schwierigkeit aus Abb. 11 (Dreieck ABC) folgende Beziehung herleiten:

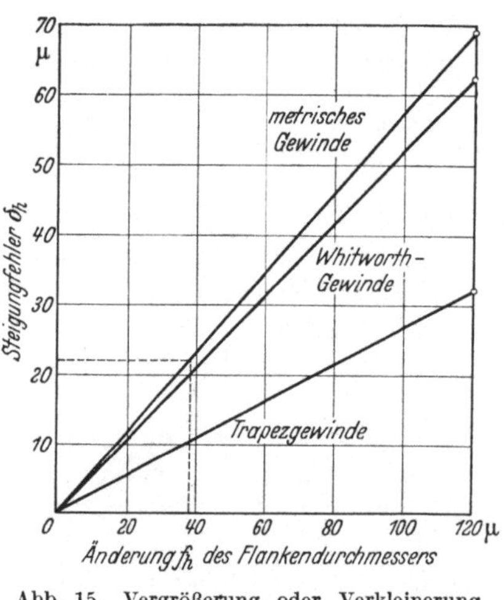

Abb. 15. Vergrößerung oder Verkleinerung des Flankendurchmessers unter dem Einfluß der Steigungsfehler.

$$\text{cotg}\,\frac{\alpha}{2} = \frac{f_{h/2}}{\delta h/2} = \frac{f_h}{\delta h}\quad \text{und daraus}$$

$$f_h = \delta h\,\text{cotg}\,\alpha/2 \qquad (2)$$

Darin ist δh der größte Steigungsunterschied zwischen irgend zwei innerhalb der Einschraublänge liegenden Gewindegängen[1]. Bei einem bestimmten Flankenwinkel α (metrisches, Whitworth- oder Trapezgewinde, vgl. Abb. 13) stehen somit f_h und δh in einem festen Verhältnis zueinander, wie es durch die in Abb. 15 eingezeichneten Geraden zum Ausdruck kommt. Weiter sind dann in Tabelle 6 für einige normale metrische Gewinde mit Einschraublänge $l = 0,8\,d$ (vgl. Tabelle 1) die Steigungsfehler δh eingetragen, wie sie aus den nach der **Berndt**schen Formel für „metrische Gewinde" (S. 6) berechneten zulässigen Abweichungen des Flankendurchmessers mittels Abb. 15 zu bestimmen sind.

Beispiel: **M 10**; Steigung 1,5 mm; Flankendurchmessertoleranz „mittel" für den Steigungsfehler 38,2 μ (Tabelle 1); aus $f_h = 38,2$ nach Abb. 15 ermittelt $\delta h = 22\,\mu$.

Praktisch kommen die Fehler f_α und f_h zugleich vor und müssen zusammengesetzt werden.

---

[1] Vgl. G. Berndt: Gewindemessungen. Z. VDI Bd. 80 (1936) Nr. 48 S. 1455.

10. Herstellungsfehler und Meßergebnis. In Abb. 16 ist ein Gewindebolzen mit einseitigem Fehler des Flankenwinkels dargestellt. Zum Messen werden drei Drähte mit bestimmtem Durchmesser und eine Feinmeßschraube verwendet (Dreidrahtverfahren, S. 32).

Da nun der Flankenwinkel in Abb. 16 um $\delta\alpha/2$ zu groß ist, so dringen die Meßdrähte tiefer ein und wir messen trotz richtiger Durchmesser und Steigung einen um M kleineren Flankendurchmesser. Die ausgezogenen Linien geben die ideale,

Tabelle 6. Zulässige Steigungsfehler für einige normale metrische Gewinde.

Gewindedurchmesser	Steigung	Einschraublänge	Zulässige Steigungsfehler δh in μ		
mm	mm	mm	fein	mittel	grob
1	0,25	0,8	6,5	10,5	16,6
2	0,4	1,6	6,5	10,3	16,4
4	0,7	3,2	9,8	15,4	24,5
6	1,0	4,8	11,9	18,5	29,5
8	1,25	6,5	14,5	23,0	37,0
10	1,5	8	14,0	22,0	35,4
12	1,75	10	13,5	21,3	33,8
16	2	13	17,0	27,2	43,5
20	2,5	16	16,2	25,7	41,2
30	3,5	24	19,5	31,0	49,7

die gestrichelten die fehlerhafte Gewindeform an. Würde man jetzt eine Mutter herstellen, deren Gewindeform richtig wäre und die denselben Flankendurchmesser hätte wie der Bolzen, so könnte man beide Teile doch nicht zusammenschrauben, denn ihre Gewindegänge würden sich um die in Abb. 17 schraffierte Fläche überschneiden.

In diesem Bild stellt a die fehlerhaft ausgeführte Flanke des Bolzens dar, und b zeigt die Lage der mit richtiger Gewindeform, aber mit kleinerem, dem Bolzenmaß P_1 entsprechenden Flankendurchmesser geschnittenen Mutter. Man erkennt somit, daß das angewendete Meßverfahren in diesem Falle den eigentlichen Fehler nicht ergeben, ja sogar zu einem weiteren Fehler verleitet hat.

Die bis jetzt dargestellten Fehlermöglichkeiten sind noch ganz einfacher Art und doch schon von sehr großer Bedeutung. Einen Überblick über die vorkommenden Fehlerquellen gewinnt man erst, wenn man die verschiedenen Herstellungsverfahren auf ihre Vorzüge und Mängel hin untersucht.

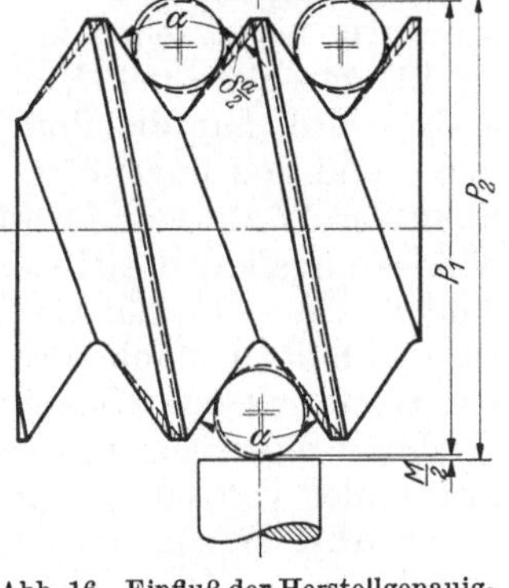

Abb. 16. Einfluß der Herstellgenauigkeit (Flankenwinkel einseitig zu groß) auf das Messen.

P_1 Prüfmaßdurchmesser, dem fehlerhaften Gewinde entsprechend.

P_2 Prüfmaßdurchmesser bei idealem Gewinde bzw. für die zugehörige Mutter.

M Gemessener Fehler.

α richtiger Flankenwinkel.

$\delta\alpha/2$ Fehler des Flankenwinkels am Schraubenbolzen.

B. Die Genauigkeit der verschiedenen Herstellungsverfahren für Gewinde.

11. Drehmeißel und Drehbank. Am genauesten kann man den Flankenwinkel eines Drehstahles optisch mit dem Werkzeugmikroskop messen. Die hierbei erreichbare Herstellgenauigkeit für den halben Flankenwinkel des Drehstahles beträgt $\pm 5'$ (vgl. Tabelle 8, S. 25). Dazu kommt die Ungenauigkeit beim Einstellen des Drehstahles senkrecht zur Achse und auf Werkstückmitte, wobei trotz sorgfältiger Arbeit mit Fehlern bis zu $\pm 15'$ gerechnet werden muß. Mißt man dagegen mit festen Lehren (Lichtspaltverfahren), so sind die entsprechenden Fehler rund $15'$ und $25'$. Leider wird in der Praxis oft nicht genügend beachtet, daß ein Formstahl nur dann seine Form genau auf das Werkstück übertragen kann, wenn er

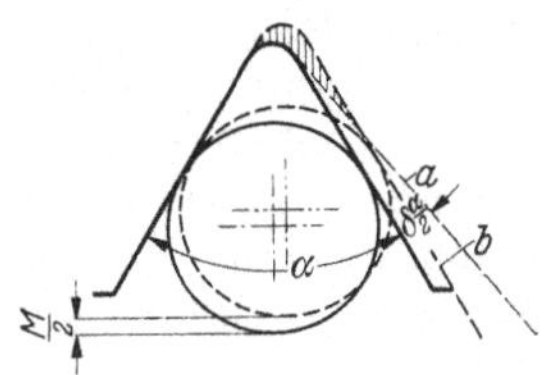

Abb. 17. Ausschnitt aus Abb. 16.

genau auf Werkstückmitte und seine Schneide radial steht (vgl. Abschn. 44 und 45).

So ist im günstigsten Falle für die Herstellung von Gewinde mit dem Drehmeißel bei Werkstattmessung die zu erwartende Genauigkeit des halben Flankenwinkels (Teilflankenwinkel, Abb. 8) beim optischen Messen $5' + 15' = 20'$, beim Lichtspaltverfahren $15' + 25' = 40'$.

Dazu kommen die Steigungsfehler, bedingt durch den zulässigen Steigungsfehler der Leitspindel mit 0,02 mm. Umgerechnet auf den Flankendurchmesser ergeben diese Fehler nach Abb. 14 und 15 bei einem Gewinde mit 1,5 mm Steigung folgende Veränderungen gegenüber dem idealen Soll:

	Optisch gemessen		Lichtspaltverfahren	
Flankenwinkelfehler	$20'$	entspr. $13\,\mu$	$40'$	entspr. $26\,\mu$
Steigungsfehler	$0,02$ mm	entspr. $35\,\mu$	$0,02$ mm	entspr. $35\,\mu$
Summe der Fehler		$48\,\mu$		$61\,\mu$

Die Feintoleranz für das Gewinde $M\,20 \times 1,5$ von 15 mm Einschraublänge mit 0,099 mm (vgl. Tabelle 1 : $0,63 \cdot 157,6 = 99\,\mu$) kann damit gerade noch eingehalten werden, denn dem Dreher bleiben dann nur noch 0,051 bzw. 0,038 mm als Toleranz für den Flankendurchmesser. Einen Gewindedurchmesser auf 0,04 mm genau zu drehen, wird aber selbst dem guten Facharbeiter nicht leicht. Dieses Beispiel zeigt also, daß auf der Drehbank ein Gewinde mit dem Gütegrad „fein" schwierig herzustellen ist.

12. Strehler und Drehautomat bzw. Revolverbank. Am Strehler (Abb. 66, S. 59) wird nur die Spanfläche (Schneidenbrust) nachgeschliffen, vielfach noch von Hand und ungeprüft. Geschieht es nach genauen Lehren oder unter Verwendung des Werkzeugmikroskops, so ist die Herstellgenauigkeit des gestrehlten Gewindes ungefähr dieselbe wie beim Drehstahl, also $\pm 5'$ für den halben Flankenwinkel und $\pm 15'$ für das Einstellen des Strehlers zur Drehachse, zusammen $\pm 20'$ für den halben Flankenwinkel. Bei diesem günstig angenommenen Fehler von $20'$ am Werkzeug und einer Streuung von im Mittel $40'$, wie sie am Automaten oder an der Revolverbank trotz sorgfältigster Überwachung auftritt, entsteht ein Gesamtfehler von $60'$, der gerade noch in der Mitteltoleranz liegt.

In Abb. 18 sind die Meßergebnisse einer Reihe von Gewindebolzen aus zwei verschiedenen Werkstoffen (IV und V) und dazu die normalen Häufigkeitsbilder (normale Gaußsche Häufigkeitslinien I...III) eingetragen.

Bei der Gaußschen[1] Häufigkeitslinie handelt es sich um die zeichnerische Darstellung (Beobachtungsbild) der Abweichungen vom Sollwert. Je kleiner die Genauigkeit, also je größer ein zulässiger oder gemessener Fehler ist, um so breiter und niedriger wird das Schaubild. Bei höchsten Genauigkeiten weichen nur wenige Werte vom Mittelwert ab. Wie Abb. 18 zeigt, ist das Feld des kleinsten Toleranzbereiches (I), des Gütegrades „fein", sehr hoch und schmal; mit dem Größerwerden der Toleranz nach „mittel" und „grob" werden die normalen Häufigkeitsfelder (II und III) breiter und niedriger. Der Flächeninhalt, also die Menge mal Fehlergröße der gemessenen bzw. dargestellten Teile bleibt aber gleich. Die normalen Häufigkeitslinien stellen einen ganz natürlichen Fertigungsablauf usw. dar, d. h. bei Fertigung von Gewinde nach der Toleranz „mittel", wie in unserem Falle, wird das günstigste Ergebnis erreicht, wenn die Werkzeuge zur Herstellung des Gewindes auf Null eingestellt werden. Durch die Fehler der Werkzeuge, der Maschine und des Arbeiters weicht eine bestimmte Anzahl von Werkstücken von dem Wert 0 ab und wandert nach links und rechts bis an die Grenze der zulässigen

---

[1] Daeves, K.: Praktische Großzahlforschung. Berlin: VDI-Verlag 1933.

Abweichungen oder auch infolge von Meßfehlern u. dgl. sogar noch über diese Grenzen hinaus. Wenn das Ergebnis als normal bezeichnet werden soll, dann müssen die gemessenen Abweichungen die in I, II und III dargestellten Kurven ergeben. Die gestrichelt dargestellten Linien IV und V weichen stellenweise erheblich von diesen Kurven ab, zeigen also an, daß die Fertigung fehlerhaft ist[1].

Man erkennt bei Linie IV an der großen Häufigkeit mit 0 Fehlern, daß die Werkzeuge an sich sehr genau eingestellt waren, aber auch (im unteren Teil), daß die Streuung nach links und rechts weit über die Ausschußgrenzen des Gütegrades „mittel“, nach dem die Gewinde gefertigt sein sollten, hinausgeht. Die Linie deutet dadurch an, daß entweder die Maschine fehlerhaft arbeitet oder der Werkstoff stark ausreißt, oder daß das Werkzeug falsch gestaltet ist.

Die strichpunktierte Linie V zeigt eine Verschiebung vom Nullpunkt nach Minus, entstanden durch falsch geschliffenes bzw. falsch eingestelltes Werkzeug. Die Streuung selbst ist jedoch gegenüber der gestrichelten Linie IV wesentlich geringer. Das Werkzeug schneidet besser, oder der Werkstoff ist günstiger zu bearbeiten.

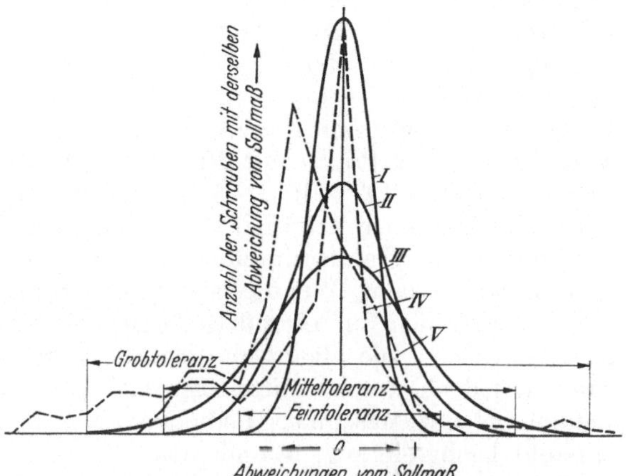

Abb. 18. Herstellungsgenauigkeit und Streuung des halben Flankenwinkels, auf Vollautomaten hergestellt, und gemessene Häufigkeiten bei Herstellung von Gewinde M 30 × 1,5 mit einem Strehler:

―――――――――― (Linien I bis III): Gaußsche Häufigkeitslinien für die zulässigen Abweichungen (Sollgrenzen) bei I Feintoleranz, II Mitteltoleranz, III Grobtoleranz.
– – – – – – – – – (Linie IV): Gemessene Häufigkeiten bei Werkstoff Stahl: Ausschuß gegenüber der Feintoleranz 30,8%, Mitteltoleranz 12,8%, Grobtoleranz 2,8%. Strehler genau geschliffen und eingestellt.
– · – · – · – · – (Linie V): Gemessene Häufigkeiten bei Werkstoff Helos: Ausschuß gegenüber Feintoleranz 14%, Mitteltoleranz 1%. Strehler mit einem Flankenwinkelfehler von − 22, geschliffen bzw. eingestellt.

Zu diesen in Abb. 18 dargestellten Winkelfehlern kommen noch die Steigungsabweichungen und die Streuung im Durchmesser hinzu. Rechnet man ganz allgemein für die Steigung und den Durchmesser noch 5% Ausschuß, dann erhält man aus der gestrichelten Linie IV 5% + 15,6% = 20,6% Ausschuß über Mitteltoleranz und aus der strichpunktierten Linie V 1% + 5% = 6%. Die Abb. 18 gibt uns eine Vorstellung, wieviel Mühe und Kosten aufgewendet werden müssen, um auf der Revolverbank oder dem Drehautomaten Feintoleranz zu erreichen. Nur bei sehr guter Arbeitsüberwachung kann man mit Sicherheit den Gütegrad „mittel“ verwirklichen.

13. Gewindefräser und Gewindefräsmaschine. Beim Gewindefräsen liegen die Verhältnisse etwas günstiger. Der größeren Kosten wegen werden aber nur größere Teile und Gewinde mit größeren Steigungen und selbstverständlich genaue Schrauben gefräst. Wir wollen deshalb ein der Gewindefräsmaschine entsprechendes Werkstück, eine Trapezgewindespindel mit 6 mm Steigung, betrachten. Wieder gehen wir vom Werkzeug aus und stellen fest, daß man Messungen in der

---

[1] Im Rahmen dieser Arbeit ist es leider nicht möglich, näher auf das Entstehen der Häufigkeitskurven und ihre rechnerische Ermittlung einzugehen. Es soll lediglich darauf hingewiesen werden, mit welchen Mitteln man den Fertigungsablauf prüfen und beobachten kann. Das Messen und Prüfen einzelner Gewindestücke gibt uns keinen Aufschluß, wie die gesamte Fertigung ausgefallen ist.

Werkstätte nur mit einer Genauigkeit von $\pm 5'$ im halben Flankenwinkel erreichen kann. Die erreichbare Genauigkeit beim Schleifen des Fräsers ist nur $\pm 10'$. Eine größere Genauigkeit ist auf keinen Fall möglich, da sich die Fräser durch das Nachschleifen sehr schnell abnutzen. Wollte man den Fräser jedesmal so lange nachschleifen, bis eine Genauigkeit von $\pm 5'$ erreicht ist, dann wäre er nach zehnmaligem Schärfen bereits vollständig abgenutzt, ohne die notwendige Arbeit geleistet zu haben. Es bedarf deshalb sehr genauer Beobachtung, um $5'$ Meßgenauigkeit und $10'$ Herstellgenauigkeit für den Flankenwinkel des Fräsers nicht zu überschreiten.

Die Streuung beim Fräsen ist sehr gering und kann auf Grund von Beobachtungen in der Praxis mit $10'$ eingesetzt werden. Das ergibt einen möglichen Fehler von $5' + 10' + 10' = \pm 25'$ für den halben Flankenwinkel. Dieser Fehler entspricht bei einem Trapezgewinde von 6 mm Steigung nach Abb. 56, S. 51 einer Veränderung im Flankendurchmesser von 0,083 mm, und geht somit schon über die Feintoleranz hinaus. Wenn es sich um entsprechend wertvolle Teile handelt, kann selbstverständlich auf Grund der geringen Streuung ein genaueres Gewinde gefertigt werden. Die allgemeine Handelsware erhält man auch bei gefrästen Gewinden, jedoch nur in Mitteltoleranz. Die Steigung entspricht sehr genau der Leitspindel der Maschine. Lediglich beim Einstichfräsen mit dem Kammfräser entsteht leicht ein sog. taumelndes Gewinde.

14. Das Gewindeschleifen. Das größte Hindernis bei der Entwicklung des Gewindeschleifens ist die Schleifscheibe. Es ist noch nicht gelungen, eine Schleifscheibe herzustellen, mit der, ohne die Scheibe öfter abzurichten, eine größere Zahl von Werkstücken geschliffen werden kann. Die rasche Abnutzung der Schleifscheiben ergibt hohe Unkosten. Man schleift darum nur Lehren und Werkzeuge, die an und für sich einen hohen Verkaufswert haben und bei denen große Genauigkeiten unbedingt erforderlich sind, oder ganz allgemein alle Teile, die nach dem Härten im Gewinde geschliffen werden müssen, und Teile aus hochvergüteten, verschleißfesten Sonderstählen hoher Festigkeit. Weiche Werkstücke im Gewinde zu schleifen, wenn sie mit Gegenstücken aus gleichartigem Werkstoff zusammen arbeiten sollen, ist nicht ratsam, da sich der Schleifstaub in den Flanken festsetzt und die Teile bei Bewegung oder schon beim Ein- und Ausschrauben leicht fressen und schnell abnutzen.

Die wirtschaftlich erreichbaren Herstellungsgenauigkeiten sind durch die DIN-Normen über die Herstellungsgenauigkeiten der Gewindelehren und Werkzeuge gekennzeichnet. Je nach der Sorgfalt, mit der man arbeitet, und nach der Größe der Steigung erreicht man Genauigkeiten im Flankenwinkel von $\pm 8'$ bis $\pm 20'$. Die möglichen Streuungen sind vom Grad der Abnutzung der Schleifscheibe abhängig. Das Schleifen der Gewinde ist noch sehr schwierig, insbesondere bei Gewinden mit großen Steigungen und kleinem Durchmesser, sowie bei Steigungen unter 1 mm. Es bedarf außerordentlicher Erfahrungen und Beobachtung, wenn man beim Schleifen von Schnecken, längeren Spindeln, Abwälzfräsern u. dgl. $\pm 10'$ nicht überschreiten will. Mehr als bei anderen Fertigungsarten ist hier vor einer Übertreibung der Genauigkeitsanforderung zu warnen, wenn man wirtschaftlich bleiben will[1].

15. Schneideisen und Gewindebohrer. Diese beiden Werkzeuge beherrschen in verschiedenen Ausführungen die Schrauben- und Mutternherstellung fast zu 60%. Es sind mit die wirtschaftlichsten Verfahren, sie bestimmen auch gleichzeitig

---

[1] Vgl. auch E. Rotzoll: Gewindeherstellung durch Schleifen. Maschinenbau Bd. 15 (1936) Nr. 17/18 S. 487.

die Toleranzgrenzen. Wissenschaftliche Versuche von G. Berndt[1] haben ergeben, daß zwar Steigung und Flankenwinkel beim Schneiden mit dem Gewindebohrer annähernd genau übertragen werden — die zulässige Flankenwinkeltoleranz für den halben Flankenwinkel ist bei Gewindebohrern $\pm$ 30' (DIN-Entwurf 802/3)—, daß aber der Durchmesser je nach zu schneidendem Werkstoff sowie Form und Ausführung der Spannuten und Schneidbrust des Bohrers verschieden ausfällt. Beobachtungen aus der Praxis bestätigen dies vollkommen. Insbesondere sind Bohrdruck, Größe des vorgebohrten Loches, Spannutenteilung usw. von so erheblichem Einfluß, daß zu den Fehlern des Gewindebohrers aus Flankenwinkel und Steigung mit gesamt 0,04 mm auf den Flankendurchmesser noch 0,05 bis 0,15 mm hinzukommen. Bei einem Gewinde von 1,5 mm Steigung mit 0,13 mm zulässiger Abweichung bei Mitteltoleranz würde diese mit 0,04 + 0,15 = 0,19 mm erheblich überschritten. Dabei ist noch hinzuzusetzen, daß der neue Gewindebohrer zum Ausgleich der späteren Abnutzung 0,02 bis 0,04 mm größer ist als der theoretische Durchmesser. Diese Werte gelten für geschliffene Gewindebohrer, bei nur geschnittenen Gewindebohrern sind die Steigungs- und damit auch die gesamten entstehenden Fehler im Flankenwinkel noch größer.

Beim Schneideisen und ähnlichen Werkzeugen liegen die Verhältnisse in bezug auf den Flankenwinkel infolge ihrer Einstellbarkeit wesentlich günstiger, während die Steigung im allgemeinen schlechter ausfällt. Je nach der Art des Werkstoffes, dem Anschnitt des Werkzeugs usw. erfolgt hier ein größeres oder kleineres Strecken der Schrauben oder Verschneiden der Muttern bis zu 0,08 mm bei beispielsweise M 10-Gewinde mit 40 mm Länge. Auf eine Einschraublänge von 20 mm würde also der Steigungsfehler 0,04 mm betragen. Da zugleich mit einem Flankenwinkelfehler von 30' zu rechnen ist, müßte der Flankendurchmesser um 0,09 mm verkleinert werden.

Flankenwinkel- und Steigungsfehler liegen damit schon an der Feintoleranzgrenze. Nimmt man die Durchmesserunterschiede von 0,02 bis 0,05 mm noch dazu, dann überschneidet man sogar teilweise die Mitteltoleranz.

Von diesen Gesichtspunkten aus sind Schrauben und Muttern zu betrachten.

16. Das Walzen oder Rollen von Gewinden, das nur für die Massenfertigung handelsüblicher Schrauben in Frage kommt, bringt für die Genauigkeit den Vorteil, daß die sehr genau herstellbaren Walzbacken sich beim Arbeiten kaum abnutzen. Ist also die Gewindewalzmaschine hinreichend starr gebaut und die Führung des hin- und hergehenden Schlittens sorgfältig eingerichtet, so hängt die Gleichmäßigkeit und Genauigkeit der hergestellten Schrauben nur noch von der gleichmäßigen Härte und dem gleichmäßigen Durchmesser des zu walzenden Werkstoffes ab (erreichbare Genauigkeit s. Tabelle 7). Günstig für das Messen ist die glatte Fläche der gewalzten Gewindeflanken (vgl. Abschn. 25). Kaltgewalzte und vergütete Schrauben aus gezogenem Runddraht von legiertem Werkstoff sind den mit Schneidwerkzeugen hergestellten Handelsschrauben durch ihre größere Tragfähigkeit überlegen[2].

Diese Verhältnisse gelten aber nur für Stahlschrauben, die nach dem Rollen noch einer Wärmebehandlung unterzogen werden, um das durch das Rollen veränderte Gefüge des Werkstoffes wieder zu normalisieren. Beim Rollen von Leichtmetallen liegen die Verhältnisse ganz anders. Das Leichtmetall reißt beim Rollen an der Oberfläche und wird im Gefüge sehr grob.

17. Vergleich der Genauigkeit verschiedener Herstellverfahren. In Tabelle 7 sind für das Beispiel eines Gewindes M 30 $\times$ 1,5 die Fehler angegeben, mit denen

---

[1] Berndt, Gg.: Die deutschen Gewindetoleranzen. Berlin: Julius Springer 1929.
[2] Masch.-Bau Bd. 12 (1933) Nr. 9/10 S. 259.

man bei den verschiedenen Fertigungsverfahren rechnen muß. Die angegebenen Fehler stellen die trotz aller Sorgfalt möglichen Größtfehler dar.

Tabelle 7. **Herstellgenauigkeit eines Gewindes M 30×1,5 bei verschiedenen Fertigungsverfahren. Werte in Millimeter und Winkelminuten (').**

Fertigungsverfahren	Flankendurchmesser [1]		Steigung	Halber Flankenwinkel	
	optisch [2] gemessen	mechanisch gemessen		optisch [2] gemessen	mechanisch gemessen
Gewindebohrer	0,15 ⎫		0,01	30′	
Schneideisen.	0,10 ⎬ [3]		0,05	30′	
Walzen oder Rollen	0,12 ⎭		0,04	25′	
Drehautomat	0,09	0,15	0,03	60′	100′
Drehbank	0,05	0,08	0.02	20′	40′
Gewinde-Fräsmaschine	0,06	0,09	0,02	25′	50′
Gewinde-Schleifmaschine.	0,025	0,04	0,01	10′	30′

Bei allen Beispielen über die Arbeitsgenauigkeiten der Maschinen und Verfahren sind die bei wirtschaftlicher Fertigung erreichbaren günstigen bzw. üblichen Herstellungsgenauigkeiten dargestellt. Man kann für besonders wertvolle Teile durch genaue Beobachtung und sorgfältigere Überwachung bis zu 50 % kleinere Werte erhalten. Die auf dem Markt befindlichen allgemeinen Handelsgewinde haben aber nie Feintoleranz, höchstens Mittel-, in den meisten Fällen Grobtoleranz. Bei Bestellungen auf Gewinde, ob als Schrauben, Werkzeuge oder Lehren, sind deshalb die geforderten Gütegrade fein, mittel oder grob besonders zu verlangen. Die Firmen ordnen gegen besondere Verrechnung ihre Erzeugnisse nach Güte und können dann in beschränktem Maße Gewinde innerhalb Feintoleranz liefern.

Eine saubere Oberfläche der Gewindeflanken, die für genaues Messen wesentlich ist, wird, abgesehen vom Schleifen gehärteter Teile, am vollkommensten beim Fräsen erreicht. Aus diesem Grunde erscheinen auch die Streuungen in den Maßen gefräster Gewinde erheblich geringer. Mit dem Schneidzahn, ob Drehstahl, Strehler oder Gewindebohrer, geschnittene Gewinde sind immer mehr oder weniger zerrissen.

C. Messen und Prüfen.

18. Die Begriffe „Messen" und „Prüfen". Beim Messen wird jede Bestimmungsgröße, wie Außendurchmesser, Flankendurchmesser, Flankenwinkel usw., für sich in ihrem wirklichen Maß bestimmt und daraus das Verhältnis der gemessenen Form zur idealen Gewindeform zeichnerisch oder rechnerisch ermittelt. Beim Prüfen, das als „vereinfachtes Messen" zu bezeichnen ist, werden sämtliche Bestimmungsgrößen auf einmal erfaßt durch Vergleich mit einem idealen Gegenstück, einer Lehre. Man stellt dabei aber nur die Lehrenhaltigkeit fest, einzelne Abmessungen können bereits außer Toleranz liegen. Hauptzweck des Prüfens ist die Feststellung der Austauschbarkeit. Diesem Zweck müssen daher die verwendeten Prüfmittel (Lehren) entsprechen (vgl. Abschn. III C).

Das Messen ist schwierig und zeitraubend. Es ist nur dann wirtschaftlich, wenn das Werkstück oder Werkzeug einen der Meßzeit entsprechenden Verkaufs-

---

[1] Flankendurchmesserfehler des Werkstücks, wie er als Summe von Flankenwinkel- und Steigungsfehlern entstehen kann.

[2] Bei optisch bzw. mechanisch gemessenen Werkzeugen, mit denen die Werkstücke bearbeitet worden sind.

[3] Durch Versuche ermittelte, obere Grenzwerte bei Fertigung mit einwandfreien, geschliffenen Werkzeugen.

wert hat. Man „mißt" in der Hauptsache nur Lehren, Werkzeuge, genaue Spindeln, Gewinde, die gut tragen müssen usw. Das Prüfen der Gewinde ist einfach und schnell ausführbar, deshalb wirtschaftlicher als das Messen. Man „prüft" daher nur Befestigungs- oder auch entsprechend grobe Bewegungsgewinde, bei denen gewisse Fehler der Wirtschaftlichkeit wegen in Kauf genommen werden können: Unter Prüfen versteht man selbstverständlich in einem anderen Sinne auch noch die theoretische Vorbereitung bzw. die grundsätzliche Beurteilung einer Gewindegüte. In den Ausführungen dieses Heftes soll im allgemeinen unter „Prüfen" stets die Ermittelung der Lehrenhaltigkeit und Austauschbarkeit verstanden werden.

19. Die zum „Messen" der Gewinde verwendeten Geräte und Verfahren sind in den Tabellen 8 und 9 angegeben[1]. Die darin enthaltenen Zahlen sind die theoretisch möglichen Fehler bei einwandfreien Meßgeräten und einwandfreiem Messen. Bei Verwendung von maßbekannten Urstücken sind die Werte der Tabellen um rund ein Drittel kleiner. Im einzelnen ist zur Erläuterung dieser Tabellen folgendes zu bemerken:

Tabelle 8. Meßfehler beim Messen von Gewindestücken verschiedener Art in der Werkstatt.
Werte in μ (1 $\mu = {}^1/_{1000}$ mm) bzw. in Winkelminuten (').

Bestimmungsgrößen des Gewindes	Meßgeräte oder Meßverfahren	Gewinde- $\left\{ \begin{matrix} \text{Steigungen} \\ \text{Durchmesser} \end{matrix} \right\}$ in mm						
		0,25	0,5	1	2,5	5	7,5	10
			25		50	75	100	150
Außendurchmesser	Feinmeßschraube		5		6	8	10	12
	Fühlhebelmeßuhr[2]		5		5	6	6	8
	Fühlhebel optisch[3]		3		4	6	6	8
Kerndurchmesser	Fühlhebelmeßuhr[2]		10		10	8	8	8
	Fühlhebel optisch[3]		5		6	8	8	8
	optische Messung		5		4	4	3	3
Flankendurchmesser	Kegel und Kimme	26	35	47 (30)	77 (25)	118 (25)	155 (23)	181 (22)
	Dreidrahtverfahren	30 (20)	36 (20)	45 (25)	61 (27)	79 (29)	97 (32)	102 (32)
	optische Messung	12	12	12	10	10	8	8
Halber Flankenwinkel	Lichtspaltverfahren	36′	25′	18′	16′	14′	12′	12′
	Projektion[4]	30′	20′	15′	12′	10′	—	—
	optische Messung	10′	10′	8′	6′	5′	4′	4′
Steigung	Meßgerät mechanisch	6	6	10	10	12	12	12
	Meßgerät optisch	5	5	6	8	8	10	10
Gewindeprofil	Lichtspaltverfahren	20	18	14	12	10	8	8
	optische Messung	6	6	5	5	4	4	4

Tabelle 8. Beim Messen des Außendurchmessers mit Feinmeßschraube gelten die Tabellenwerte nur, wenn nach Endmaßen eingestellt wird. Bei Fühlhebeln mit Meßuhr gilt dasselbe; das Gestänge des Fühlhebels muß starr sein. Beim Kerndurchmesser ist darauf zu achten, daß der Taststift den tiefsten Punkt berührt. Das optische Messen des Flankendurchmessers setzt einwand-

---

[1] Vgl. G. Berndt: Die Gewinde, S. 272. Berlin: Julius Springer 1929.

[2] Unter „Fühlhebelmeßuhr" versteht man die Fühlhebelgeräte, bei denen die Ablesung an einer Meßuhr oder einem der Meßuhr ähnlichen Zifferblatt erfolgt.

[3] Unter „Fühlhebel optisch" versteht man Tastgeräte mit optischer Maßübertragung.

[4] Bei der „Projektion" wird das vergrößerte Lichtbild mit einer Zeichnung verglichen.

freie Gewindeflanken voraus. Die eingeklammerten Werte sind die unter günstigen Verhältnissen erreichbaren Mittelwerte. Dabei ist die Messung des tatsächlichen Flankendurchmessers angenommen. Beim Bestimmen des halben Flankenwinkels mittels Lichtspaltverfahren ist der Fehler des Meßstückes hinzuzurechnen; beim optischen Messen ist auch hier die Ebenheit der Flanken vorausgesetzt. Das Mikroskop muß zum Steigungswinkel passend eingestellt werden. Zum Messen der Steigung müssen die Meßgeräte genauestens auf die Achsrichtung des Werkstückes eingestellt sein. Bei der optischen Messung des Gewindeprofils ist freie Beobachtung vorausgesetzt; wird mit Profilbild gemessen, so wird sie der optischen Durchmessermessung gleich.

Tabelle 9. Meßfehler beim Messen von Gewindelehren und
Gewindeschneidwerkzeugen im Feinmeßraum.
Werte in μ (1 $\mu = {}^1/_{1000}$ mm) bzw. in Winkelminuten (').

Bestimmungs-größen des Gewindes	Meßgeräte oder Meßgeräte	Gewinde- $\left\{ \begin{array}{l} \text{Steigungen} \\ \text{Durchmesser} \end{array} \right\}$ in mm						
		0,25	0,5	1	2,5	5	7,5	10
			25		50	75	100	150
Außen-durchmesser	Feinmeßschraube		2		3	4	5	6
	Fühlhebelmeßuhr		4		4	5	5	6
	Fühlhebel optisch		2		2	3	3	4
Kern-durchmesser	Fühlhebelmeßuhr		4		4	6	6	6
	Fühlhebel optisch		4		4	5	5	5
	optische Messung		2		2	3	3	5
Flanken-durchmesser	Kegel und Kimme	10	13	18 (13)	31 (15)	52 (15)	74 (15)	92 (15)
	Dreidrahtverfahren	14 (11)	14 (11)	16 (12)	18 (12)	21 (12)	26 (13)	26 (13)
	Kugelmessung	12	12	13	16	18	23	24
	optische Messung	5	5	5	4	4	3	3
Halber Flanken-winkel	Lichtspaltverfahren	25'	18'	13'	10'	10'	8'	8'
	Projektion	25'	15'	10'	8'	8'	—	—
	optische Messung	5'	5'	4'	3'	2'	2'	2'
Steigung	Meßgerät mechanisch	4	4	4	5	5	5	6
	Meßgerät optisch	3	3	3	4	4	5	5
Gewinde-profil	Lichtspaltverfahren	15	12	10	8	6	5	5
	optische Messung	4	4	3	3	2	2	2

Tabelle 9. Außer den zu Tabelle 8 gemachten Bemerkungen ist hier noch folgendes zu beachten: Die Einstellprüfmaße müssen der Güte I genügen; der wirkliche Flankendurchmesser ist zu bestimmen, indem zu dem Meßwert noch der Einfluß des Flankenwinkelfehlers hinzugerechnet wird. Beim optischen Messen des halben Flankenwinkels ist neben der Einstellung des Mikroskops zum Steigungswinkel die Winkelkorrektur zu berücksichtigen. Beim Messen mittels Lichtspaltverfahren ist ein geübtes Auge und ein genaues Meßstück vorausgesetzt.

20. Lehren und Einstellgeräte zum „Prüfen" von Gewinden. Tabelle 10 gibt einen Überblick über die zum vollständigen Prüfen der Gewindetoleranzen notwendigen Lehren und anschließend auch noch über die zum Prüfen der Lehren verwendeten Geräte. Die Buchstabenbezeichnungen dieser Tabelle sind bei den Abb. 8 und 9 (S. 16) erläutert worden. Weiter wurde bei Abb. 7 angegeben, daß der Gewindelehrring am Außendurchmesser und der Gewindelehrdorn am Kerndurchmesser freigearbeitet sind. In Tabelle 10 wird durch das Wort „frei" bei den betreffenden Buchstaben hierauf hingewiesen. Die Geräte und Lehren werden später (Abschn. 31) im Hinblick auf ihre Verwendung näher behandelt.

Tabelle 10. Lehren für die vollständige Prüfung der Gewindetoleranzen[1].
Der Ausdruck „frei" bedeutet, daß das betreffende Bestimmungsstück an der Lehre freigearbeitet ist und somit am Prüfling nicht mit erfaßt wird.

Lehren	
für den Bolzen	für die Mutter
Gewindelehrring	**Gewindelehrdorn**
für Gut: Gewindelehrring, d frei	für Gut: Gewindelehrdorn, D_1 frei
für d: Rachenlehre	für D_1: Lehrdorn
für Ausschuß:	für Ausschuß:
für d_2: Rachenlehre mit geeigneten Meßstücken	für D_2: verkürzter Gewindelehrdorn
für d: (Grenz-) Rachenlehre	für D: Gewindelehrdorn mit 1 bis 2 spitzen Gängen
für d_1: Rachenlehre mit Spitzen oder Schneiden	für D_1: (Grenz-) Lehrdorn
Gewinderachenlehre für den Bolzen	
für Gut und Ausschuß: Gewinderachenlehre	für Ausschuß: voller Gewindeeinstelldorn
dazu:	für d: Grenzrachenlehre
für Gut: verkürzter Gewindeeinstelldorn	für d_1: Grenzrachenlehre mit Spitzen oder Schneiden
Prüfung der Lehren	
Gewindelehrring	**Gewindelehrdorn**
Gewindepaßdorn, d_1 frei	für Abnutzung bei:
für d_1: Grenzlehrdorn	D_2: Rachenlehre mit geeigneten Meßstücken (+ Gewindeeinstelldorn)
für Abnutzung bei:	D: Rachenlehre
d_2: verkürzter Gewindelehrdorn	
d_1: Lehrdorn	
für d_2-Rachenlehre: Gewindeeinstelldorn	**Grenzlehrdorn**
für d-Grenzrachenlehre: 2 Meßscheiben für Ausschuß und Gut abgenutzt	für Abnutzung bei D_1: Prüfrachenlehre
für d_1-Rachenlehre: Einstelldorn oder Endmaße	

III. Messen und Prüfen von Befestigungsgewinden.

A. Messen von Außengewinden.

21. Der Außendurchmesser ist am einfachsten zu messen. Ist die Steigung eines Gewindestückes so klein, daß der Meßamboß einer Feinmeßschraube über zwei Gewindegänge reicht, so kann man den Außendurchmesser ohne weiteres sicher und schnell bestimmen. Ist die Steigung aber größer, dann müssen zum Überbrücken der Steigung und damit das Meßgerät nicht kippt, End- oder Zwischenmaße beigelegt werden. Die Größtfehler neuer Feinmeßschrauben sind nach DIN 862 bei Güte I mit 4μ ($1\mu = {}^1/_{1000}$ mm), bei Güte II mit 8μ zugelassen, die die reinen Steigungsfehler der Meßspindel darstellen. In der Werkstätte sind diese Fehler allerdings größer, und es kommt ganz darauf an, in welchem Zustand die Feinmeßschraube ist, mit welchem Meßdruck man sie einstellt und wie genau das Einstell- oder Prüfmaß ist, nach dem man sie einstellt. Bei Whitworthgewinde

---

[1] Nach G. Berndt: Gewindemessungen. Z. VDI Bd. 80 (1936) S. 1455. Dort auch „Schrifttum" über Gewindemessungen.

ist das Größtmaß des Bolzens nach Tabelle 2 um 25…70 μ kleiner als das theoretische Profil und beim metrischen Gewinde ist aus Herstellungsgründen der Außendurchmesser des Muttergewindes stets größer als das Nennmaß (Abschnitt 3), daher sind die Ungenauigkeiten der Feinmeßschrauben für das Messen der Außendurchmesser ohne Bedeutung.

Demgegenüber muß man bei der Abnahme oder beim Messen von Gewinde-

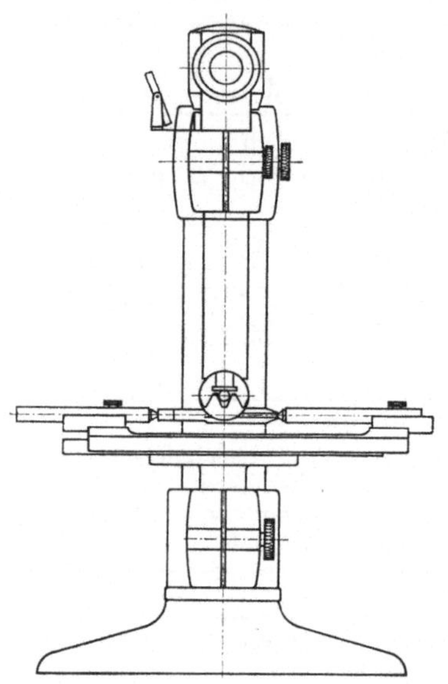

Abb. 19. Spitzengerät mit Meßschlitten (Zeiss-Optimeter mit Sonderaufbau).

lehren sehr vorsichtig arbeiten und die Feinmeßschraube nach maßbekannten Endmaßen (Prüfmaßen) einstellen oder mit optischen Fühlhebeln messen. Die Meßgenauigkeit mit dem Optimeter (= optischer Fühlhebel) ist bei 25 mm Durchmesser im Werkstattgebrauch $\pm 2\,\mu$, also ausreichend gegenüber der Herstellungsgenauigkeit des Gewindelehrdornes, dessen Außendurchmesser bei einem Gewinde M 10 mit 1,5 mm Steigung auf $\pm 8\,\mu$ genau sein soll.

Schwieriger ist das Messen von Gewindebohrern oder Werkzeugen mit ungerader Spannutenzahl. Dafür ist es am günstigsten, das Meßstück zwischen Spitzen zu spannen und den Außendurchmesser abzutasten. Die Gewindebohrertoleranzen mit rund 0,06 mm bei 25 mm Durchmesser für den Außendurchmesser sind groß genug, um dafür ohne weiteres jede Spitzenbank verwenden zu können. Das Abmaß kann am besten mit genau laufendem Prüfdorn eingestellt und mit der Meßuhr abgetastet werden. In Abb. 19 ist ein Gerät dargestellt, das auch die Größe des Hinterschliffs und den Umfangsschlag mit einer Genauigkeit von $\pm 5\,\mu$ mißt.

22. Der Kerndurchmesser ist schon wesentlich schwieriger zu messen. Man kann dabei nicht so vorgehen wie beim Außendurchmesser, mit Ausnahme des

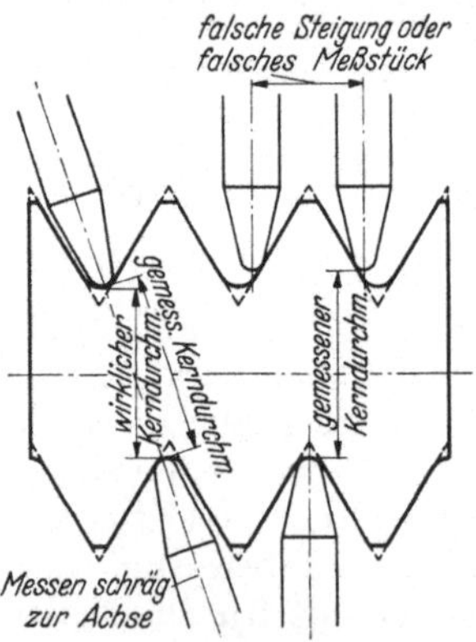

Abb. 20. Falsches Messen des Kerndurchmessers.

Verfahrens nach Abb. 19. Da beim Messen des Kerndurchmessers die Meßstücke in die Gewindegänge eingreifen müssen und die gegenüberliegenden Gewindegänge um die halbe Steigung zueinander versetzt sind, erhält man beim Messen von Gewindelücke zu Gewindelücke ein falsches Meßergebnis. In Abb. 20 ist der Unterschied zwischen dem tatsächlichen und dem falsch gemessenen Kerndurchmesser dargestellt.

Durch die Abhängigkeit des Meßstückes von der Steigung haben auch die Steigungsfehler Einfluß auf das Meßergebnis. Messungen mit Feinmeßschrauben oder optischen Fühlhebeln mit entsprechenden Einsätzen werden dadurch sehr ungenau und die Steigungsfehler müßten berücksichtigt werden. Dagegen ist das Messen nach Art der Abb. 19 mit am einfachsten, zuverlässigsten und damit wirtschaftlichsten, man muß nur achtgeben, ob der dem Gewindegang entsprechend zugespitzte Meßtaster tatsächlich im Gewindegrund und nicht seitlich aufsitzt. Die damit erreichbare Genauigkeit von rund 10 μ ist gegenüber der Schraubentoleranz im Kerndurchmesser verschwindend klein. Im Gegensatz zum Außendurchmesser wird der

Kerndurchmesser des Gewindes beim Prüfen mit Lehren in allen Fällen gut erfaßt, er braucht deshalb nur bei Lehren und Werkzeugen „gemessen" zu werden. Da man aber bei Lehren und Werkzeugen sowieso die Flankenwinkel optisch messen muß, kann man auch ohne zu großen Zeitaufwand den Kerndurchmesser gleich mit messen. Für größere Stückzahlen gleicher Lehren oder Werkzeuge ist es wirtschaftlicher, zunächst die Teile mit dem Meßtaster zu sortieren und nur die Grenzfälle mit dem Mikroskop nachzuprüfen.

23. Der Flankendurchmesser. Im Idealfalle hat man es beim Messen des Flankendurchmessers mit aneinandergereihten

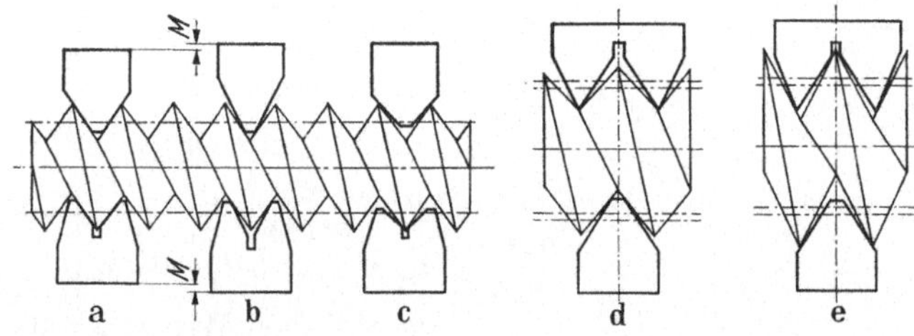

Abb. 21. Das Messen mit Kegel und Kimme und die Meßergebnisse bei falschen Flankenwinkeln.

Darstellung	a	b	c	d	e
Gewindeform	genau	genau	genau	zu stumpf	zu spitz
Meßstücke	genau	zu spitz	zu stumpf	genau	genau
Meßergebnis	richtig	zu groß	zu groß	zu groß	zu groß

gleichschenkligen Dreiecken zu tun, die sich um die halbe Steigung versetzt einander gegenüberliegen, d. h. der Gewindelücke senkrecht gegenüber liegt der Gewindezahn. Bei Flankenwinkel- und Steigungsfehlern werden die Dreiecke ungleichseitig und stehen sich nicht mehr gleichmäßig gegenüber (Abb. 8 bis 11). Abb. 21 läßt den Einfluß des Flankenwinkels auf das Messen des Flankendurchmessers erkennen.

Die wirkliche Gewindeform und so auch der genaue Flankenwinkel, z. B. beim metrischen Gewinde 60°, liegt im Achsenschnitt (Abb. 22). Deshalb ist der kleinste Meßfehler für den Flankendurchmesser zu erwarten, wenn man als Meßstücke Meßschneiden verwendet, die im Achsenschnitt die Flanke des Gewindes linienförmig berühren (Abb. 22 oben links). Praktisch ist aber die Flanke selten gerade und daher auch dieses Verfahren mit Fehlern behaftet. Zum Einblick in die Bedeutung der Fehler beim Messen des Flankendurchmessers kommt man nur, wenn man ihre Größe für die üblichen Meßverfahren bestimmt.

a) Die beim Messen mit Kegel und Kimme (Abb. 23) aus Winkelfehlern entstehenden Meßfehler sind

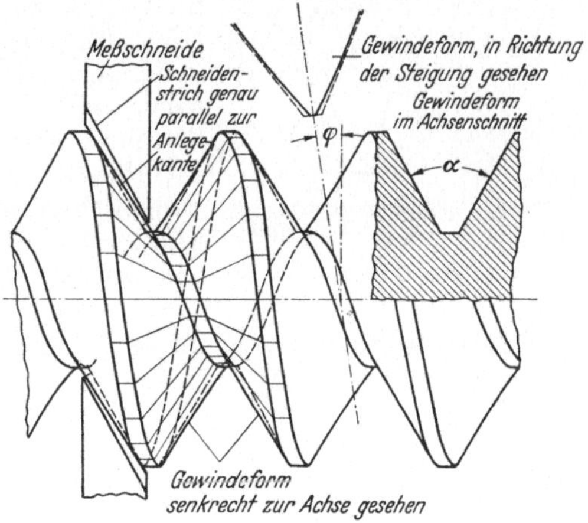

Abb. 22. Gewindeform eines metrischen Gewindes mit großer Steigung.

zwar bei gewöhnlichen Werkstattmessungen nicht zu erfassen, an einem Rechenbeispiel erkennt man aber, daß sie von recht beachtlicher Größe sind. Die Winkelfehler an Kegel und Kimme betragen praktisch bis zu $\pm$ 15′, an Gewindelehrdornen bis zu $\pm$ 10′. Man denke sich einen Gewindelehrdorn beim Messen mit Kegel und Kimme ohne Änderung der Gewindegänge im Kern so weit verkleinert, daß dieser ganz verschwindet. Dann fällt der Gewindegang auf der einen Seite des Lehrdorns mit der gegenüberliegenden Gewindelücke zusammen, wie in Abb. 23 durch die Linie ABC dargestellt.

Wären die Flankenwinkel des Meßgerätes und des Lehrdornes gleich, so ginge der Kegel ganz in die Kimme hinein, die Linie ABC läge an den Flanken der Kimme an und x wäre gleich 0. In Abb. 23 sei der halbe Flankenwinkel von Kegel und Kimme $\alpha/2 = 29^0\,45'$, also etwas zu klein (vgl. oben) und derjenige des Lehrdornes $\beta/2 = 30^0\,10'$, also etwas zu groß angenommen. So erhält x eine gewisse Größe und gibt den Meßfehler an. Man rechnet wie folgt:

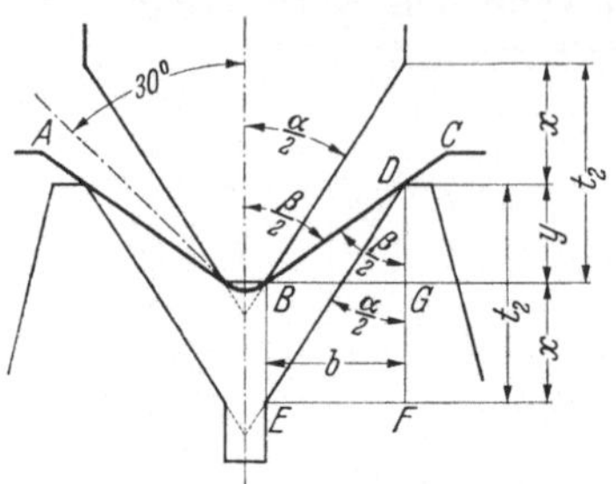

Abb. 23. Messen mit Kegel und Kimme.

In dem Dreieck DBG ist tg $\beta/2 = b/y$, also $y = \dfrac{b}{\text{tg }\beta/2}$. Ferner erhält man aus Dreieck DEF: tg $\alpha/2 = b/t_2$; somit $b = t_2$ tg $\alpha/2$ und, indem man diesen Wert oben einsetzt, $y = t_2\dfrac{\text{tg }\alpha/2}{\text{tg }\beta/2}$; folglich ist

$$x = t_2 - y = t_2\left(1 - \frac{\text{tg }\alpha/2}{\text{tg }\beta/2}\right). \tag{3}$$

Beiläufig ergibt diese Rechnung natürlich $x = 0$ für $\alpha = \beta$. Mit den oben angenommenen Winkeln wird für ein Gewinde von 1,5 mm Steigung mit einer Tragtiefe $t_2 = 0,6$ mm

$$x = 0,6\,(1 - \text{tg }29^0\,45'/\text{tg }30^0\,10') = 0,01\text{ mm}.$$

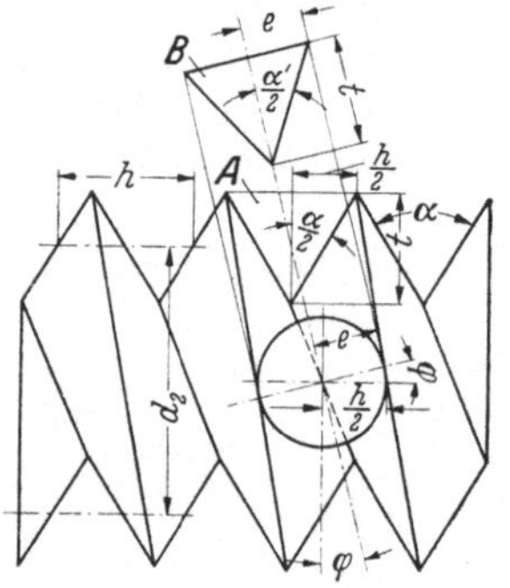

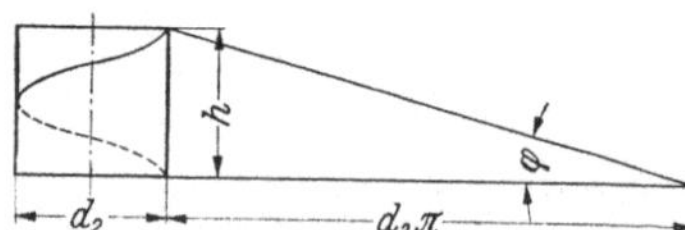

Somit kann es vorkommen, daß eine Gewindeschraublehre mit Kegel und Kimme zum Messen des Flankendurchmessers von Gewinden (Abb. 43, S. 43), wenn man sie nach einem Gewindelehrdorn (Urmaß) einstellt, schon allein wegen der unvermeidlichen Ungenauigkeiten der Flankenwinkel einen Fehler bis zu 0,01 mm bei einem Gewinde mit 1,5 mm Steigung erhält.

Abb. 21 hat schon ergeben, daß alle Flankenwinkelfehler beim Messen mit Kegel und Kimme ein zu großes Meßergebnis haben, d. h.: wenn mit Kegel und Kimme an einem Schraubenbolzen der Flankendurchmesser als richtig gemessen wird, so ist er in Wirklichkeit um den Meßfehler, im vorstehenden Beispiel also um 0,01 mm kleiner. Dieser Fehler wird noch etwas größer, wenn die Schraublehre nicht nach einem Lehrdorn, sondern nach einem Prüfmaß eingestellt wird, vorausgesetzt, daß dieses den gleichen Flankenwinkelfehler hat wie der oben angenommene Lehrdorn. Der Flankenwinkel nämlich, in den die Meßstücke sich hineinlegen, ist durch die infolge der Steigung schräge Stellung der Gewindegänge kleiner als der Flankenwinkel im Achsenschnitt (Abb. 24).

Abb. 24. Einfluß des Steigungswinkels auf den Flankenwinkel.

Wenn also Kegel und Kimme in den Gewindegang gut hineinpassen, dann ist ihr Flankenwinkel gleichfalls kleiner als der Achsenschnitt, und es kommt somit im ungünstigen Falle dieser Fehler beim Meßergebnis zu dem oben berechneten Einstellfehler der Schraublehre hinzu, d. h. der als „richtig" gemessene Flankendurchmesser ist in Wirklichkeit um noch mehr als 0,01 mm kleiner. Das gilt aber nur für das Einstellen der Schraublehre nach einem Prüfmaß, nicht nach dem Lehrdorn, denn bei diesem liegen die Gewindegänge ja auch schräg.

Abb. 25. Abwicklung der im Flankendurchmesser verlaufenden Schraubenlinie.

Seiner praktischen Bedeutung wegen soll an dieser Stelle der Einfluß der Gewindesteigung auf den Flankenwinkel berechnet werden. Für den mittleren, d. h. auf den Flankendurchmesser bezogenen Steigungswinkel gilt nach Abb. 25:

$$\operatorname{tg} \varphi = h/d_2 \pi . \qquad (4)$$

Darin ist h die Steigung und d_2 der Flankendurchmesser. Abb. 26 ist nach Gleichung (4) berechnet. Ist φ bekannt, so ergibt Abb. 24 durch Vergleich der beiden Gewindedreiecke A im Achsschnitt und B in Steigungsrichtung:

$$\operatorname{tg}\frac{\alpha}{2} = \frac{h/2}{t}, \quad \operatorname{tg}\frac{\alpha'}{2} = \frac{e}{t}$$

$$\text{und} \quad \frac{e}{h/2} = \cos\varphi ;$$

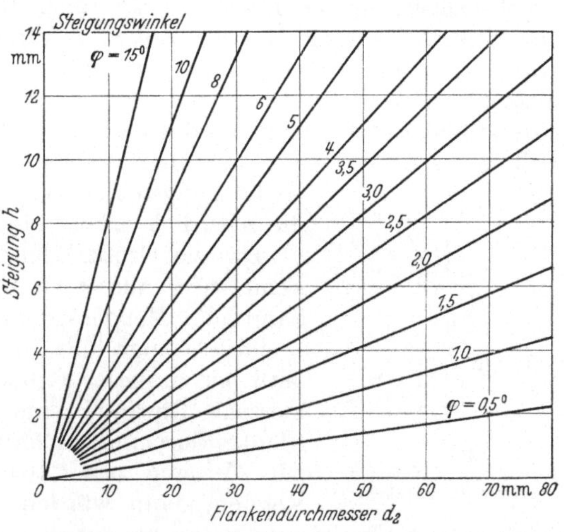

Abb. 26. Zusammenhang zwischen Flankendurchmesser, Steigungswinkel und Steigung.

Teilt man den zweiten Ausdruck durch den ersten, so erhält man

$$\operatorname{tg}\frac{\alpha'}{2} = \operatorname{tg}\frac{\alpha}{2}\frac{e}{h/2} .$$

Für $\dfrac{e}{h/2}$ kann $\cos\varphi$ eingesetzt werden, folglich ist:

$$\operatorname{tg}\alpha'/2 = \cos\varphi \operatorname{tg}\alpha/2 . \qquad (5)$$

Für die praktisch vorkommenden Flankenwinkel und Steigungen sind die Winkeländerungen $\alpha - \alpha'$ in Abb. 27 angegeben (vgl. Tab. 16). Mit Gl. (4) und (5) bzw. Abb. 26 und 27 kann man auch den zusätzlichen Fehler berechnen, der entsteht, wenn Gewindeschraublehren mit Kegel und Kimme nach Prüfmaßen statt nach Lehrdorn einge-

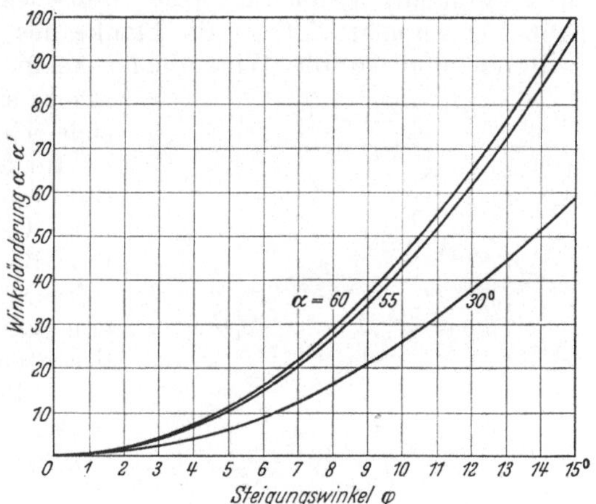

Abb. 27. Verkleinerung des Flankenwinkels im Vergleich zum Achsenschnitt bei Betrachtung in Steigungsrichtung.

stellt werden. Man setzt in Gl. (3) an Stelle von α den Winkel α' aus Gl. (5) und erhält

$$x' = t_2\left(1 - \frac{\operatorname{tg}\alpha'/2}{\operatorname{tg}\beta/2}\right) = t_2\left(1 - \frac{\cos\varphi \operatorname{tg}\alpha/2}{\operatorname{tg}\beta/2}\right) . \qquad (6)$$

Für obiges Beispiel mit $h = 1,5$ mm und $d_2 = 9,026$ mm ergibt Abb. 26 einen mittleren Steigungswinkel $\varphi = 3°$. Weiter war die Tragtiefe $t_2 = 0,6$ mm, $\alpha/2 = 29°45'$ und $\beta/2 = 30°10'$. Durch den Einfluß von $\varphi = 3°$ wird nach Abb. 27 ein Flankenwinkel von 60° um rund 5' kleiner, also wäre zur Berechnung von x (Abb. 23) statt des halben Flankenwinkels $\alpha/2 = 29°45'$ ein um rund 3' kleinerer Winkel $\alpha'/2 = 28°42'$ in Gl. (1) einzusetzen. Man kann aber auch unmittelbar mit der besonders abgeleiteten Gl. (6) rechnen:

$$x' = 0,6\,(1 - \cos 3° \operatorname{tg} 29°45'/\operatorname{tg} 30°10') = \text{rund } 0,011 \text{ mm} .$$

Der Steigungswinkel bewirkt also in diesem Falle eine Vergrößerung des Meßfehlers um $1\,\mu$ oder $10\,\%$.

Berücksichtigt man weiter, daß nach DIN 13/14, Beiblatt 5, die Herstellgenauigkeit des Einstellmaßes 0,01 mm beträgt, so kann ein Gesamtfehler in der Größenordnung von 0,021 mm entstehen, zu dem noch die Unsicherheit des Messens selbst, die in der Person liegt, hinzukommt. Hierbei wurde immer vorausgesetzt, daß die Steigung und der Flankenwinkel des gemessenen Schraubenbolzens richtig seien. Wir haben also nur die Meßfehler berechnet, nicht die möglichen Ausführungsfehler der werkstattmäßig gefertigten Gewinde, die natürlich größer sind.

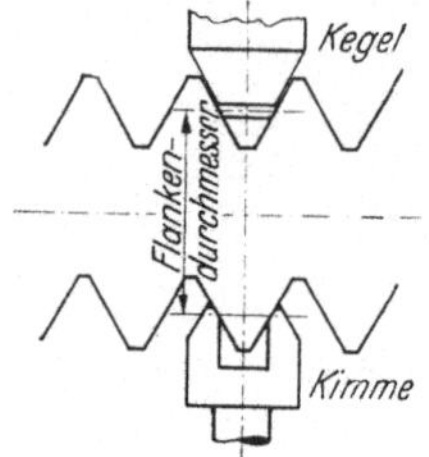

Abb. 28.
Kegel und Kimme mit verkürzten Flanken.

Da die Größtfehler nur selten zusammen vorkommen, kann man allgemein 0,02 mm als Größtfehler annehmen. Sämtliche Meßgeräte mit Kegel und Kimme messen also, „richtig" eingestellt und als Prüfgerät verwendet, um ein Maß bis zu dieser Größe zu klein, d. h. so, als ob das gemessene Gewinde einen um bis zu 0,02 mm zu großen Flankendurchmesser hätte. Wollte man Kegel und Kimme zur Messung des tatsächlichen Flankendurchmessers verwenden, dann würden die in Tabelle 8 und 9, S. 25 angegebenen Meßungenauigkeiten entstehen. Kegel und Kimme sind deshalb zum Bestimmen der wirklichen Maße bzw. zum Messen der Ausschußseite nur dann zu verwenden, wenn man die Meßstücke mit einer so geringen Tragtiefe (Abb. 28) versieht, daß sie die Flanke des Gewindes nur noch in einem Punkte berühren und so die Winkelfehler keine Rolle mehr spielen. Derartige Meßstücke sind aber schwer herstellbar und nutzen sich schnell ab.

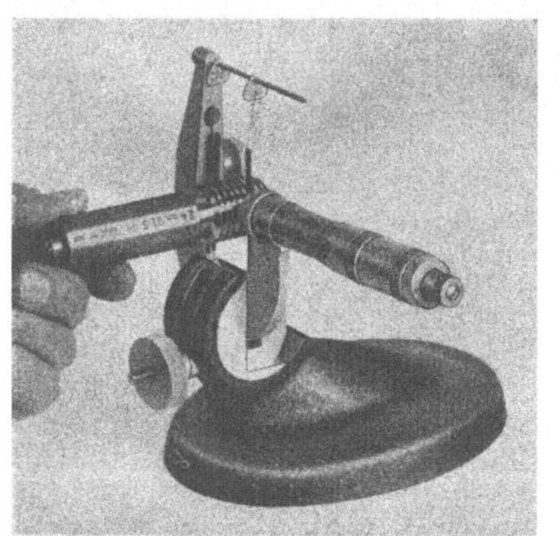

Abb. 29. Messen des Flankendurchmessers mit 3 Drähten. (Carl Zeiss, Jena.)

Im Gegensatz zum Messen der Ausschußseite müssen beim Prüfen auf Einschraubbarkeit Kegel und Kimme möglichst lang sein, um die Flankenwinkelfehler vollständig zu erfassen. Sie wirken dann wie die Gutseite einer Grenzrachenlehre, ohne Berücksichtigung des Steigungsfehlers.

b) Bedeutend genauer zum Bestimmen des wirklichen Flankendurchmessers ist das Messen mit drei Drähten (Abb. 16, S. 19, und Abb. 29), vorausgesetzt, daß die Drähte genau sind und daß sie die Flanken des Gewindes im oder dicht am Flankendurchmesser berühren.

Durch diese Punktberührung ist das Verfahren vom Flankenwinkel unabhängig und so dem Messen mit Kegel und Kimme an Genauigkeit überlegen, aber trotzdem nur für den Meßraum geeignet, denn eben dieser Vorteil macht es unmöglich, mit diesem Verfahren die Einschraubbarkeit zu prüfen, was aber für die Werkstatt ausschlaggebend ist. Für die Einschraubbarkeit müssen die Ungenauigkeiten von Flankenwinkel und Steigung m i t berücksichtigt werden, und das geschieht entweder rechnerisch auf Grund der für sich gemessenen Fehler oder durch Prüfen mit Lehrmuttern oder Grenzlehren.

Bezeichnet man die Steigung mit h und den Drahtdurchmesser mit d (nicht zu verwechseln mit dem Gewindedurchmesser d [Abb. 8], der aber bei dieser Berechnung nicht vorkommt), so erhält man für den genauen Durchmesser der Prüfdrähte bei symmetrischen Flanken nach Abb. 30, also mit $\alpha/2 + \beta = 90^\circ$, aus dem rechtwinkligen Dreieck DEF, in welchem $DF = h/4$ und $DE = d/2$ sind,

$\cos \alpha/2 = DF/DE = \dfrac{h/4}{d/2}$ und daraus:

$$d = \frac{h/2}{\cos \alpha/2} \, . \qquad (7)$$

Bei **unsymmetrischen** Flanken kann der Meßdraht nur eine Flanke, zweckmäßig die längere, im Flankendurchmesser berühren, also liegt in Abb. 31 der Mittelpunkt des genau richtigen Drahtes auf der Winkelhalbierenden von α und auf der Mittelsenkrechten von AB. Dann ist im Dreieck BDE: $\operatorname{tg} \alpha/2 = ED/BD = 2ED/2BD = d/AB$, also $d = AB \operatorname{tg} \alpha/2$. Im Dreieck ABC ist $AB : BC = \sin \gamma : \sin \alpha$ und $BC = h$, also $AB = h \sin \gamma/\sin \alpha$; dieser Wert wird in den Ausdruck für d eingesetzt und man erhält:

$$d = h \, \frac{\sin \gamma \operatorname{tg} \alpha/2}{\sin \alpha} \, . \qquad (8)$$

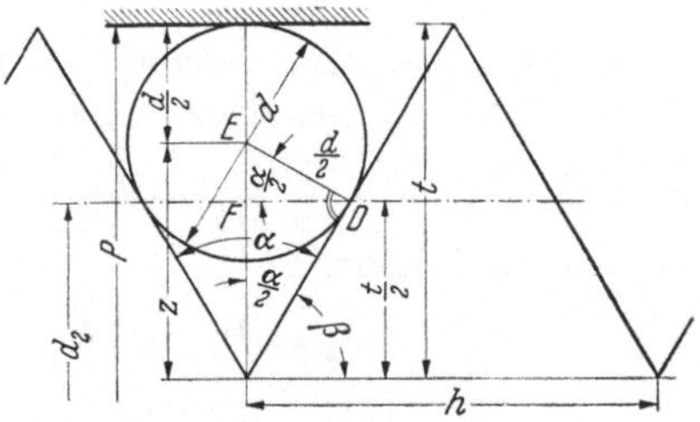

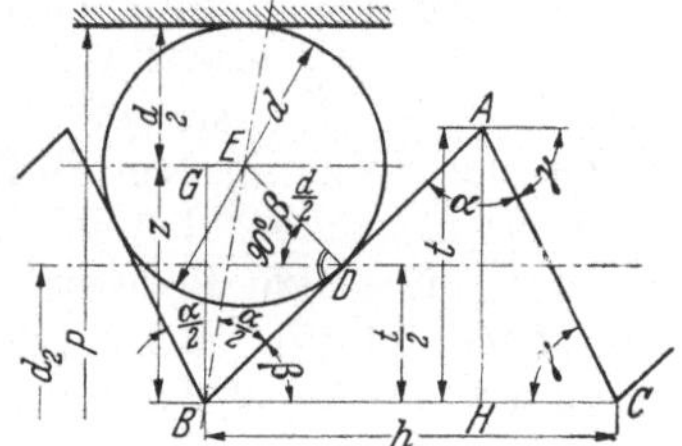

Abb. 30. Ermittlung des Prüfdrahtdurchmessers bei symmetrischen Flanken.

Beim Berechnen des Flankendurchmessers geht man zweckmäßig von unsymmetrischen Flanken aus, weil dann die abgeleiteten Formeln für symmetrische Flanken auch gelten. Man erhält nach Abb. 31: $d_2 = P - 2\,(d/2 + z) + 2\,t/2$; in dem Dreieck BEG ist Winkel $GBE = 90 - (\alpha/2 + \beta)$ und damit

$$BG = z = EB \cos [90 - (\alpha/2 + \beta)] = EB \sin (\alpha/2 + \beta) \, .$$

Weiter ist im Dreieck BDE $\sin \dfrac{\alpha}{2} = \dfrac{DE}{EB} = \dfrac{d/2}{EB}$ und daraus $EB = \dfrac{d/2}{\sin \alpha/2}$; so wird

$$z = \frac{d}{2} \, \frac{\sin (\alpha/2 + \beta)}{\sin \alpha/2} \, .$$

Nun muß noch die Gangtiefe t durch die Steigung h ausgedrückt werden. Im Dreieck ABH ist $t = AB \sin \beta$; aus dem Dreieck ABC erhält man $AB = BC \sin \gamma/\sin \alpha$. Da nun $BC = h$ ist, so wird

$$t = h \, \frac{\sin \beta \sin \gamma}{\sin \alpha} \, .$$

Abb. 31. Ermittlung des Prüfdrahtdurchmessers bei unsymmetrischen Flanken.

Setzt man die für z und t ermittelten Ausdrücke in die erste für den Flankendurchmesser d_2 aufgestellte Gleichung ein, so wird

$$d_2 = P - 2 \left(\frac{d}{2} + \frac{d}{2} \, \frac{\sin (\alpha/2 + \beta)}{\sin \alpha/2} \right) + h \, \frac{\sin \beta \sin \gamma}{\sin \alpha} \quad \text{und daraus}$$

$$d_2 = P - d \left(1 + \frac{\sin (\alpha/2 + \beta)}{\sin \alpha/2} \right) + h \, \frac{\sin \beta \sin \gamma}{\sin \alpha} \, .$$

Darin ist P das Prüfmaß oder das Meßergebnis. Zweierlei ist nun noch zu berücksichtigen: Erstens die Schräglage der Gewindegänge, die ein zu großes Meßergebnis verursacht; sie wird ausgeglichen durch Abziehen eines Wertes δ_1. Zweitens fügt man einen Erfahrungswert δ_2 hinzu, weil die Meßdrähte durch den Meßdruck etwas flach und in den Werkstoff hineingedrückt werden und somit das Meßergebnis etwas kleiner wird, als rechnerisch zu erwarten wäre. So wird der Flankendurchmesser bei **unsymmetrischen Flanken**

$$d_2 = P - d\left(1 + \frac{\sin\left(\alpha/2 + \beta\right)}{\sin\alpha/2}\right) + h\,\frac{\sin\beta\sin\gamma}{\sin\alpha} - \delta_1 + \delta_2 \qquad (9)$$

und das Prüfmaß

$$P = d_2 + d\left(1 + \frac{\sin\left(\alpha/2 + \beta\right)}{\sin\alpha/2}\right) - h\,\frac{\sin\beta\sin\gamma}{\sin\alpha} + \delta_1 - \delta_2\,. \qquad (9\,\mathrm{a})$$

Bei symmetrischen Gewindeflanken ist $(\alpha/2 + \beta) = 90^0$ und $\beta = \gamma = 90^0 - \alpha/2$, folglich

$$d_2 = P - d\left(1 + \frac{\sin 90^0}{\sin\alpha/2}\right) + h\,\frac{\sin^2\left(90^0 - \alpha/2\right)}{\sin\alpha} - \delta_1 + \delta_2\,.$$

Setzt man nun $\sin 90^0 = 1$, $\sin^2\left(90 - \alpha/2\right) = \cos^2\alpha/2$ und $\sin\alpha = 2\sin\alpha/2\cos\alpha/2$ in diese Gleichung ein, so wird

$$d_2 = P - d\left(1 + \frac{1}{\sin\alpha/2}\right) + h\,\frac{\cos^2\alpha/2}{2\sin\alpha/2\cos\alpha/2} - \delta_1 + \delta_2 \quad \text{und damit für symmet-}$$

rische Flanken

$$d_2 = P - d\left(1 + \frac{1}{\sin\alpha/2}\right) + \frac{h}{2}\cot\frac{\alpha}{2} - \delta_1 + \delta_2\,, \qquad (10)$$

$$P = d_2 + d\left(1 + \frac{1}{\sin\alpha/2}\right) - \frac{h}{2}\cot\frac{\alpha}{2} + \delta_1 - \delta_2\,. \qquad (10\,\mathrm{a})$$

Diese Gleichungen ergeben auch die wirkliche Größe von d_2 für den Fall, daß der Meßdraht nicht ganz genau im Punkte D anliegt, also wenn sein Durchmesser etwas von dem in den Gl. (7) und (8) berechneten abweicht.

Die Größe von δ_2 beträgt je nach Meßdruck und Härte des Werkstoffes 1 bis $6\,\mu$. δ_1 kann man unter Berücksichtigung des Steigungswinkels der Gewindegänge berechnen, ähnlich wie bei Kegel und Kimme (Abb. 24 bis 27). In den Gl. (9) und (9a) ist der Ausdruck $h\,\dfrac{\sin\beta\sin\gamma}{\sin\alpha}$, der die Gangtiefe t darstellt, eine gegebene Größe, nur der Ausdruck für z (Abb. 31), und zwar, da es sich um den Durchmesser handelt, $2z = d\,\dfrac{\sin\left(\alpha/2 + \beta\right)}{\sin\alpha/2}$, wird durch die Schräglage der Gewindegänge infolge der Steigung beeinflußt; α wird kleiner und β größer. $(\alpha/2 + \beta)$ wird dadurch etwas größer, aber so wenig, daß man es vernachlässigen kann. Man braucht also nur unter dem Bruchstrich an Stelle von $\alpha/2$ den Winkel $\alpha'/2$ zu setzen, den man nach Gl. (5) (S. 31) oder Abb. 27 bestimmen kann. Man erhält dann δ_1, indem man die mit $\alpha/2$ und $\alpha'/2$ berechneten Ausdrücke für $2z$ voneinander abzieht[1]:

$$\delta_1 = d\,\frac{\sin\left(\alpha/2 + \beta\right)}{\sin\alpha'/2} - d\,\frac{\sin\left(\alpha/2 + \beta\right)}{\sin\alpha/2}\,, \quad \text{also}$$

$$\delta_1 = d\sin\left(\frac{\alpha}{2} + \beta\right)\left(\frac{1}{\sin\alpha'/2} - \frac{1}{\sin\alpha/2}\right) \qquad (11)$$

Beispiel: Für $\alpha = 60^0$, $h = 1{,}5\,\mathrm{mm}$, Meßdrahtdurchmesser $d = 0{,}98\,\mathrm{mm}$ und $d_2 = 9{,}026\,\mathrm{mm}$ wird nach Abb. 26 $\varphi = 3^0$, nach Abb. 27 $\alpha - \alpha' = \mathrm{rund}\ 5'$, also $\alpha' = 29^0\ 57'\ 30''$ und somit, da $\alpha/2 + \beta = 90^0$ (Flanken symmetrisch) angenommen sei,

$$\delta_1 = 0{,}98\sin 90^0\ (1/\sin 29^0\ 57'\ 30'' - 1/\sin 30^0) = 0{,}98\ (2{,}0026 - 2) = 2{,}5\ \mu\,.$$

Zahlenangaben über Meßdrahtdurchmesser, Größe des Prüfmaßes D und die Zuschläge δ_1 und δ_2 kann man den Druckschriften der Werkzeugfirmen entnehmen[1].

Weitere Meßfehler entstehen noch durch Fehler des Drahtdurchmessers und des Meßgerätes, sie betragen im äußersten Falle $2\,\mu$ für den einzelnen Draht,

---

[1] Die Firma Carl Zeiss, Jena, gibt P für den Meßdruck 0, also auch $\delta_2 = 0$, und dazu gesondert δ_2 für einen Meßdruck von 1 kg an.

also beim Messen mit dem Optimeter $4\,\mu$ für die Drähte und dazu $2\,\mu$ Ungenauigkeit des Gerätes, zusammen $6\,\mu$. Das Dreidrahtverfahren ist, wenn die Prüfmaße P (Abb. 30 und 31) unter Berücksichtigung der Winkelfehler errechnet werden, das genaueste zum Ermitteln des wirklichen Flankendurchmessers. Man kann damit auch die Unrundheit von Gewinden prüfen.

Bei Verwendung von Feinmeßschrauben zum Messen mit drei Drähten beträgt der Meßfehler 10 bis $15\,\mu$.

c) **Kugelmessung.** Eine punktförmige Anlage an den Flanken kann man auch mittels Taststiften erreichen, die in zwei gegenüberliegende Gewindelücken eingreifen und am Ende kugelförmig gestaltet sind (Abb. 32, 37 und 41). Die Kugeln müssen denselben Durchmesser haben, wie er oben für die Meßdrähte berechnet wurde. In Frage kommt dieses Meßverfahren zum Messen von Innengewinden, bei denen man ja keine Drähte verwenden kann (Abb. 43, S. 43), und bei Außengewinden zum Vergleich mit Prüfstücken für „Ausschuß"-Messungen. Die Genauigkeit ist in Tabelle 9 (S. 26) angegeben. Beim Vergleich mit Prüfstücken fallen die Fehlerquellen, die das Gerät für das unmittelbare Messen ungeeignet machen, heraus, nämlich die Verformung und Abnutzung der Kugeln unter dem Einfluß des Meßdruckes und die Schrägstellung zur Gewindeachse (Abb. 32).

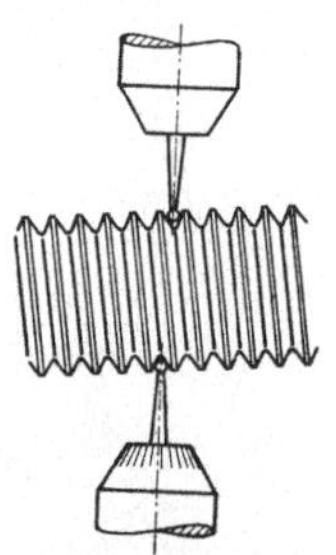

Abb. 32. Gewindetaster mit kugelförmigen Tastspitzen.

d) Allgemein wird angenommen, daß das vierte Verfahren, das optische Messen des Flankendurchmessers (Abb. 33) die genauesten Ergebnisse liefert. Das stimmt jedoch nur für den Feinmeßraum. Auch beim Messen mit dem Werkzeugmikroskop ist bei unsymmetrischen Flanken am Werkstück der Flankendurchmesser schwer zu messen, da einer linken Flanke in der Meßrichtung eine rechte gegenüberliegt und in diesem Falle beide ungleich sind. Außerdem erkennen wir aus Abb. 22 und 58, daß man beim Messen die im Achsenschnitt liegende Gewindeform gar nicht sieht. Ob man das Gewinde senkrecht zur Achse oder in Richtung der Steigung betrachtet, stets sind die sichtbaren Grenzen enger als diese nur an einem wirklich durchschnittenen Körper erkennbare

Abb. 33. Werkzeugmikroskop mit angebauter Projektionseinrichtung. (Carl Zeiss, Jena.)

Form. Je größer der Steigungswinkel des Gewindes, um so größer ist dieser Fehler. Bei großen Steigungen und kleinen Gewindedurchmessern muß man das Mikroskop deshalb in die Steigungsrichtung einstellen (Abb. 33 und 22). Die dabei entstehende Formverzerrung ist nicht so groß wie die beim Messen senkrecht zur Achse. Außerdem läßt sich beim Betrachten in Richtung der Steigung auch das Bild der Gewindeform wesentlich schärfer einstellen (Abb. 33), weil der zu messende Winkel in einer Ebene senkrecht zur Blickrichtung liegt. Diesen Winkel, der mit α' bezeichnet sei, rechnet man dann auf den im Achsenschnitt liegenden Winkel um [Gl. (5) und Abb. 27, S. 31].

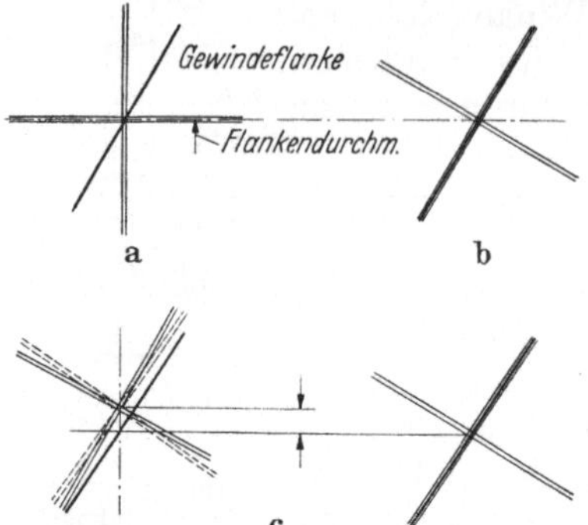

Abb. 34a bis c. Das Messen des Flankendurchmessers mit dem Werkzeugmikroskop. a) Einstellen der Fadenkreuzmitte auf Flankendurchmesser (der Flankendurchmesser liegt dort, wo Zahn und Lücke gleiche Stärke haben). b) Drehen des Fadenkreuzes und Einstellen auf die Flanken. c) Verschieben des Quertisches, Einstellen des Fadenkreuzes auf die gegenüberliegende Flanke und Ablesen des Flankendurchmessers am Quermaßstab.

Da die Gewindeflanken nicht vollständig eben sind, muß man auch bei diesem Verfahren, um genaue Ergebnisse zu erhalten, die Flankenwinkelfehler ausmitteln und die Messungen mehrmals wiederholen. Die Fehler beim optischen Messen des Flankendurchmessers berechnet man wie bei Kegel und Kimme nach Abb. 23 und Gl. (3), S. 30.

Diese Fehler treten aber tatsächlich nicht in ihrer vollen Größe auf, da man bei Beobachtung durch das Mikroskop sofort sieht, wenn die Gegenflanke am Fadenkreuz nicht anliegt. Man mittelt dann aus, wie in Abb. 34a bis c dargestellt ist. Der erreichbare Mittelwert aus rund zehn Messungen ergibt eine Meßgenauigkeit von annähernd $\pm 5\,\mu$ für den wirklichen Flankendurchmesser. Dabei muß aber beachtet werden, daß die Werkstückachse genau parallel zur Meßtischachse steht und die Gewindeflanken einwandfrei gearbeitet sind, da man sonst das Fadenkreuz nicht genau auf die Flanken einstellen kann. Sind die Gewindeflanken schlecht (hohl oder ballig bzw. stark ausgerissen), dann ist auch am Mikroskop mit Ungenauigkeiten bis $20\,\mu$ und mehr zu rechnen.

Der große Vorteil des optischen Messens von Gewinden liegt hauptsächlich darin, daß man durch die Vergrößerung die Fehler der Gewindeform leicht feststellen und beim Messen berücksichtigen kann. Es ist beispielsweise bekannt, daß man bei hohlen Gewindeflanken mit dem Dreidrahtverfahren oft um 0,05 mm anders mißt als mit dem Mikroskop. Der

Abb. 35. Universal-Meßmikroskop. (Carl Zeiss, Jena.)

Unterschied entsteht dadurch, daß die Drähte am tiefsten Punkt der Flanke anliegen, während man das Mikroskop auf die beiden höchsten Punkte einstellt. Das optische Messen mit Einstellung des idealen Gewindebildes zum Prüfling ergibt immer den tatsächlichen Wert, da die Mikroskopeinstellung dann vollkommen dem Muttergewinde entspricht.

e) Gleichartig dem Messen mit dem Werkzeugmikroskop, jedoch mit wesentlich genauerer Ablesung (Glasmaßstäbe, optische Ablesung) ist das Messen am Universal-Meßmikroskop (Abb. 35). Bei diesem Gerät kann man das Mikroskop nicht der Steigungsrichtung des Gewindes entsprechend schrägstellen. Man arbeitet mit Meßschneiden (Abb. 22, S. 29), die man genau im Achsschnitt an die Gewindeflanken anstellt. Beobachtet und gemessen wird dabei mit Hilfe eines in bestimmtem Abstande zur Schneide genau parallel eingeritzten Striches. Das Gerät ermöglicht die genauesten Meß-ergebnisse, aber es kann seiner Empfindlichkeit wegen nur im Meßraum benutzt werden. Die Handhabung erfordert besondere Sorgfalt und Erfahrung.

Weitere Verfahren zum Messen des Flankendurchmessers kommen praktisch nicht in Betracht. Die erreichbaren Genauigkeiten beim Bestimmen des wirklichen Flankendurchmessers sind in den Tabellen 8 und 9 (S. 25) angegeben.

Die noch möglichen Fehler, die bei der Neigung des Mikroskops, beim Scharfeinstellen usw. entstehen, sind

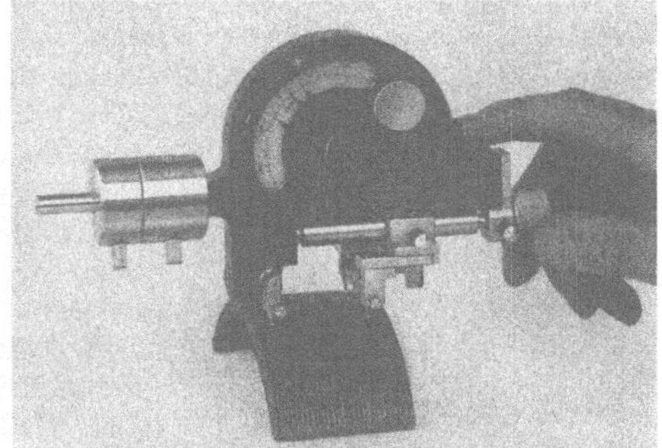

Abb. 36. Steigungsprüfer. (Carl Zeiss, Jena.)

von untergeordneter Bedeutung und brauchen in diesem Rahmen nicht in Betracht gezogen zu werden.

24. Die Steigung. Wie schon in Abb. 9 und 11 gezeigt wurde, kann man eine richtig geschnittene Mutter auf einen Bolzen mit Steigungsfehler nur aufschrauben, wenn man ihren Flankendurchmesser vergrößert oder umgekehrt den des Bolzens verkleinert. Folglich muß beim Messen von Gewinden auch die Steigung bestimmt werden. Dabei sind zwei Verfahren möglich:

a) Man stellt am Meßstück z. B. die Meßschneiden des Universal-Meßmikroskopes (Abb. 22 und 35) oder das Fadenkreuz des Werkzeugmikroskopes (Abb. 33 bis 34) nacheinander auf mehrere gleichliegende Flanken ein und betrachtet die Verschiebung von einem Gang zum anderen als Steigung.

b) Das Meßstück wird an beide Flanken eines Gewindedreiecks oder Trapezes zugleich angelegt und dann die Verschiebung zwecks Einstellung auf den nächsten Gang als Steigung angesehen. Diesem Verfahren entspricht z. B. das Messen mit Kugeltaststiften nach Abb. 36.

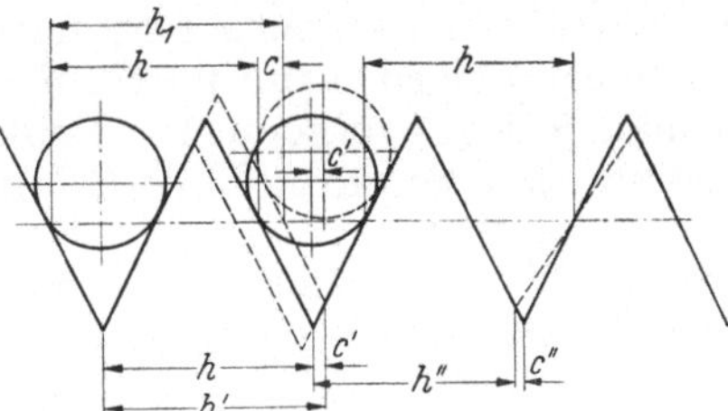

Abb. 37. Steigungsmessungen.

Die Steigung ist der achsenparallele Abstand zweier Gewindeflanken von Gang zu Gang. Damit ist schon bestimmt, daß man sie genau wie den Flankendurchmesser nur auf der Flankendurchmesserlinie einwandfrei messen kann.

In Abb. 37 ist h die Steigung, sowohl auf dem Flankendurchmesser als auch an den Gewindespitzen gemessen. Hat das Gewinde nun einen durch die gestrichelte Linie gekennzeichneten Steigungsfehler, dann hat dieser die wirkliche Größe $c = h_1 - h$. Mißt man aber an den Gewindespitzen, so erhält man $c' = h' - h$, also einen sichtbar kleineren, falschen Wert. Ähnlich liegen die Verhältnisse bei $c'' = h - h''$. Hier wird infolge des Flankenwinkelfehlers beim Messen von Gewindespitze zu Gewindespitze ein Steigungsfehler festgestellt, der gar nicht vorhanden ist. Solche irreführenden Ergebnisse sind die Folge, wenn man zum Messen der Steigung eines Gewindes das Revolverokular im Mikroskop verwendet oder beim mechanischen Messen die Kugel oder den Taster an beiden Flanken anliegen läßt, denn dann mißt man nicht den achsenparallelen Abstand der beiden Flanken, sondern den Abstand der beiden Winkelhalbierenden und damit von Gewindespitze zu Gewindespitze. Das Messen nach Verfahren b ist also grundsätzlich falsch, nur Verfahren a ist richtig.

Weiter zeigt Abb. 38 die möglichen Fehler bei achsenungleich aufgenommenen Werkstücken oder nicht parallel zum Werkstück verschobenen Meßstücken. Meist ist die Abweichung von der Meßachse zur Gewindeachse nicht ohne weiteres bekannt. Bei wichtigen Messungen muß man sie beseitigen oder zu bestimmen suchen und kann dann nach Abb. 38 den Fehler berechnen:

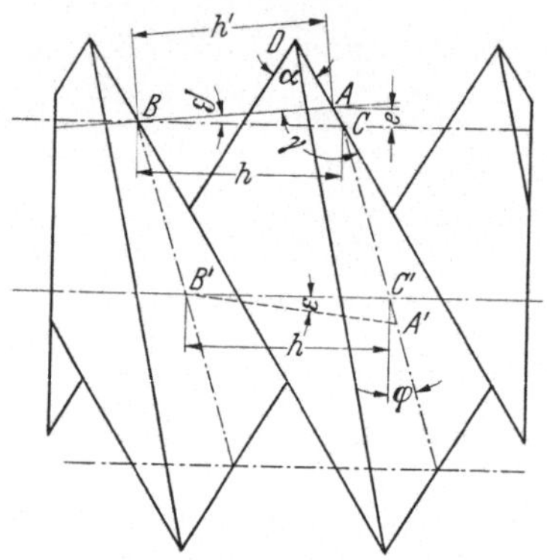

Abb. 38. Meßfehler bei optischen Steigungsmessungen.

In dem Dreieck ABC ist $h = BC$ die wirkliche Steigung, zu messen auf dem Flankendurchmesser. $h' = AB$ sei die gemessene Steigung und β der Winkel, um den die Meßachse gegen die Gewindeachse geneigt ist, also die Ursache des Meßfehlers. Unter Voraussetzung symmetrischer Flanken ist dann der Winkel ACB $= \dfrac{180 - \alpha}{2} = 90 - \alpha/2$ als Basiswinkel im gleichschenkligen Dreieck DEC, und $BAC = \gamma = 180 - (90 - \alpha/2 + \beta) = 90 + \alpha/2 - \beta$. Nach dem Sinussatz ist dann im Dreieck ABC

$$h = h' \frac{\sin \gamma}{\sin (90 - \alpha/2)} = h' \frac{\sin (90 + \alpha/2 - \beta)}{\sin (90 - \alpha/2)} . \qquad (12)$$

Beispiel: $\alpha = 60^0$, $h' = 20$ mm, $\beta = 20'$. Setzt man diese Zahlen in obige Gleichung ein, so erhält man $h = 20 \dfrac{\sin 119^0 \, 40'}{\sin 60^0} = 20{,}067$ mm, d. h. der Meßfehler beträgt 0,067 mm auf 20 mm Gewindelänge. Eine Achsenungleichheit von 20' ist zumal bei mechanischen Messungen in der Werkstätte nicht selten.

Neben obigem kann noch ein Winkelfehler ε in der Ebene, die senkrecht zum Winkel β liegt, vorkommen. Denkt man den Gewindebolzen in Abb. 38 um 90^0 gedreht, so kommt die Linie BC in die Lage $B'C'$. Dann ist z. B. $B'A'$ die falsch gemessene Steigung. In dem Dreieck $A'B'C'$ ist Winkel $B'C'A' = 90 + \varphi$ und Winkel $B'A'C' = 180 - (\varepsilon + 90 + \varphi) = 90 - (\varphi + \varepsilon)$. Man erhält daraus nach dem Sinussatz

$$h = B'C' = B'A' \frac{\sin [90 - (\varphi + \varepsilon)]}{\sin (90 + \varphi)} . \qquad (13)$$

Beispiel: $B'A' = 20$ mm, $\varphi = 3^0$, $\varepsilon = 20'$. Dann wird nach Gl. (11)

$$h = 20 \frac{\sin 86^0 \, 40'}{\sin 93^0} = 19{,}994 \text{ mm} .$$

Der durch solchen Winkelfehler entstehende Meßfehler ist also nur rund $^1/_{10}$ so groß.

Ist die Neigung der Meßachse zur Gewindeachse nicht bekannt, so hat man mit einem mehr oder weniger großen Meßfehler zu rechnen. Die allgemein in der Praxis beim optischen Messen infolge dieser Ungenauigkeiten entstehenden Fehler sind jedoch selten größer als 5μ.

Es ist praktisch gleichgültig, wie das Meßgerät aussieht: wesentlich ist nur, daß man grundsätzlich richtig mißt. Kennzeichnend ist die Frage: Wie liest man ab? Am einfachsten ist das Verschieben des Werkstückes oder Meßstückes mit der Feinmeßschraube und Ablesen an der $^1/_{100}$-mm-Teilung. Genauer mißt man mit Glasmaßstäben und optischem Ablesen[1].

Die Genauigkeit bei Steigungsmessungen liegt für das Ablesen an der $^1/_{100}$-mm-Teilung bei rund $10\,\mu$, beim Ablesen am Glasmaßstab bei rund $2\ldots3\,\mu$. Mit günstigeren Genauigkeiten darf man auf keinen Fall rechnen, da durch Unebenheiten der Flanken, die von Gang zu Gang wechseln, durch Mittenabweichungen zwischen Gewindeaufnahme und Gewinde, durch Achsverschiebungen usw. weitere Fehler entstehen, die in ihrer Größe obige Werte überschreiten. Durch wiederholtes Messen kann man die Fehler auf rund zwei Drittel herabsetzen. Gewindesteigungsfehler sind oft periodischer Natur, d. h. sie liegen innerhalb des einzelnen Ganges. Man mißt deshalb z. B. Leitspindeln von 90 zu 90° Verdrehung (vgl. Abschn. 41).

25. Der Flankenwinkel. Beim Messen des Flankendurchmessers, der an der Gewindeflanke gemessen wird, haben wir die Bedeutung von Flankenwinkelfehlern bereits kennengelernt. Der Flankenwinkel ist im Achsenschnitt gedacht, wir sehen aber beim Messen das Gewinde voll und können daher den Flankenwinkel nie so ideal erkennen, wie er in der Zeichnung dargestellt ist. Außerdem sind die Gewindeflanken sehr kurz, der Flankenwinkel muß in Graden bzw. Minuten gemessen werden und seine Winkelhalbierende soll genau senkrecht zur Gewindeachse stehen.

Mechanische Hilfsmittel sind deshalb außer bei größeren Gewindeprofilen für das Messen des Flankenwinkels ungeeignet. Die notwendige Meßgenauigkeit ist nur mit optischen Geräten erreichbar (Abb. 33). Die Fehler dieser Geräte liegen für Winkelmessungen bei rund $1'$, gute und neuzeitliche Ausführungen vorausgesetzt, bei denen mindenstens $1'$ ablesbar und $^1/_{10}{}'$ geschätzt werden kann. Zu dem Teilfehler der optischen Einrichtung kommen dann noch die ungenaue Lage der Werkstücksaufnahme zur Bewegungsrichtung und die Neigung zwischen Meßachse und Gewindeachse hinzu.

Das sind in den meisten Fällen aber die kleineren Fehlermöglichkeiten. Den größten Einfluß auf die Meßgenauigkeit haben die Unebenheiten der Gewindeflanken. Bei drei Gewinden mit unebenen Flanken erhält man aus zwei von verschiedenen Personen durchgeführten Messungen mindestens $2\,\mathrm{mal}\,3 = 6$ verschiedene Meßergebnisse. Deshalb ist jedoch nicht gesagt, daß man den Flankenwinkel überhaupt nicht messen könnte, sondern daß die Meßgenauigkeit von der Güte der Gewindeflanken abhängt, und daß ein geübtes Auge notwendig ist, um mit Sicherheit den Flankenwinkel feststellen zu können.

Wie Abb. 22 erkennen läßt, werden die Messungen ungenau, wenn das Mikroskop nicht in die Steigungsrichtung eingestellt wird. Aus Abb. 27 sind die Veränderungen des Flankenwinkels bei den verschiedenen Steigungswinkeln ablesbar. Je kleiner der Gewindedurchmesser und je größer die Steigung im Verhältnis dazu ist, um so größer wird der Steigungswinkel und damit die Winkelverzerrung.

Alle diese Einflüsse und die daraus entstehenden Unsicherheiten ergeben schon ein recht beträchtliches Maß von Fehlermöglichkeiten. Man braucht sich deshalb nicht zu wundern, wenn ein selbst mit den besten Geräten ausgerüsteter Prüfer bei Gewindemessungen, zumal an Werkstücken, $5'$ bis $15'$ als Meßungenauigkeit angibt. Eine Berechnung der durch die Verzerrung entstehenden Fehler klärt dies aber sofort auf.

---

[1] Vgl. auch Gg. Berndt: Grundlagen technischer Längenmessungen. Berlin: Julius Springer 1929.

Die beim optischen Verfahren erreichbaren Meßgenauigkeiten werden beeinträchtigt durch:

Neigung der Gewindeachse zur Meßachse.

Falsche Einstellung des Mikroskops zum Gewinde,

Unebenheiten der Gewindeflanken,

Fehler in der Höheneinstellung des Prüflings,

Teilfehler an der Strichplatte der Teilscheibe des Mikroskops.

a) Die Gewindeachse und Meßachse sind nicht parallel, wenn die Zentrierspitzen zum Gewinde versetzt sind oder bei Aufnahme des Gewindestückes am Außendurchmesser dieser zum Flankendurchmesser schlägt bzw. die Flanken des Gewindes zur Aufnahmeachse taumeln.

Ein Taumelfehler von beispielsweise $e = 0,02$ mm für ein Gewinde von $l = 50$ mm Länge, wie er fast an jedem Gewinde festzustellen ist, entspricht nach Abb. 38, in der $l = 2h$ gedacht sei, wenn er in der Ebene senkrecht zur Blickrichtung liegt, einem Neigungswinkel β von der Größe

$$\operatorname{tg} \beta = \frac{e}{h/2} = \frac{0,02}{25} \; ; \quad \beta = \text{rund } 3' \, .$$

Um diesen Winkel ist dann die Meßachse zur Gewindeachse und somit auch der Flankenwinkel zur symmetrischen Lage des Vergleichswinkels der Strichplatte des Meßgerätes geneigt.

b) Falsche Schrägstellung des Mikroskops beeinflußt die Berücksichtigung des Steigungswinkels (Abb. 22). Bezeichnet man diese Abweichung mit φ', so ist der entsprechende Fehler nach Gl. (3) (S. 30) als Unterschied zu berechnen, wenn man erst den wirklichen Steigungswinkel φ und dann $(\varphi + \varphi')$ einsetzt:

$$\operatorname{tg} \frac{\alpha'}{2} = \operatorname{tg} \frac{\alpha}{2} \cos \varphi \quad \text{und} \quad \operatorname{tg} \frac{\alpha' + x}{2} = \operatorname{tg} \frac{\alpha}{2} \cos (\varphi + \varphi') \, .$$

Beispiel: Für ein Gewinde mit $\alpha = 60^0$, $\varphi = 3^0$ und einem Fehler von $\varphi' = 20'$ wird $\alpha'/2 = 29^0 \, 58'$ und $\frac{\alpha' + x}{2} = 29^0 \, 57,5'$; der Unterschied $x = 1'$ ist sehr klein.

c) Der Meßfehler infolge von Unebenheiten der Gewindeflanken kann mit rund 2' bei Lehren und bis zu 15' bei Werkstücken eingesetzt werden.

d) Beim Betrachten des Flankenwinkels von oben hat eine Neigung der Gewindeachse gegenüber der Waagerechten auf das Messen des Flankenwinkels denselben Einfluß wie eine falsche Einstellung des Mikroskops zur Steigungsrichtung. Bei einer Neigung von 20' wie unter b erhält man auch hier einen Fehler für den Flankenwinkel von rund 1'.

e) Der Teilungsfehler an der Strichplatte oder Teilscheibe des Mikroskops ist mit rund 1' anzunehmen.

Die unter a bis e ermittelten Fehler treffen praktisch zwar nicht im gleichen Sinne zusammen, aber ihre Summe — 8' für Lehren und 21' für Werkstücke — ergibt eine Vorstellung von der Größenordnung der möglichen Meßungenauigkeit beim Bestimmen des Flankenwinkels und von den Schwierigkeiten, die es praktisch macht, wenn man beim Flankenwinkel Meßgenauigkeiten von 5' bis 15' erzielen will.

26. Die Gewindeform (das Profil) wird, abgesehen vom Flankenwinkel, gekennzeichnet durch Kernausrundung und Abflachung des Außendurchmessers. Man prüft sie praktisch nur dort, wo bei Anfertigung von Schrauben durch die Kernausrundung Kerbwirkungen bei Dauerbelastungen zu befürchten sind. Es ist lediglich notwendig, um in allen Fällen Einschraubbarkeit zu erreichen, bei

Beginn der Fertigung den Übergang von der Kernausrundung zur Gewindeflanke zu prüfen.

Dieses Messen wird schnell und sicher nur mit dem Revolverokular des Mikroskops (Abb. 39), also optisch vorgenommen. Die Abweichung kann infolge der Vergrößerung gut beobachtet werden. Meßfehler sind hierbei ohne praktische Bedeutung.

B. Messen von Innengewinden.

Innengewinde werden in der Werkstatt nicht unmittelbar gemessen, sondern nur auf Lehrenhaltigkeit oder auf Abweichungen von Vergleichsstücken geprüft. Das ist verständlich, wenn man an die Schwierigkeiten denkt, die schon beim Messen glatter Bohrungen auftreten. Das Prüfen mit Innenmeßgeräten ist in der Werkstätte nicht leicht. Die Fehlerursachen liegen dabei einerseits im Werkstück, das nie eine genau geometrische Form hat, anderer-

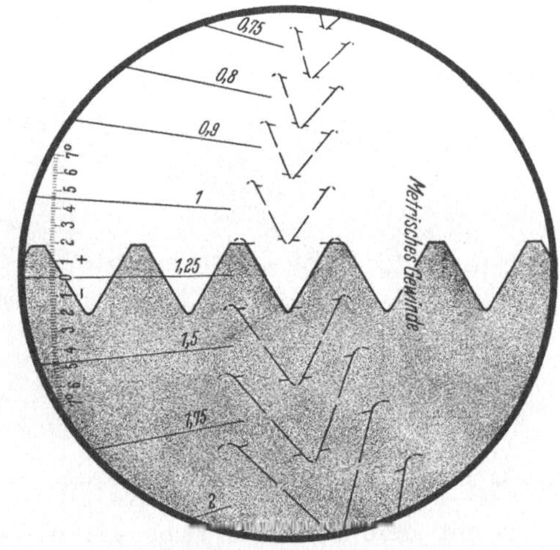

Abb. 39. Prüfung der Gewindeform (Gewindeprofil) mit dem Revolverokular des Werkzeugmikroskops.

seits im Gebrauch des Meßgerätes. Bei Innengewinden ist das Einstellen des Gerätes auf Achsenmitte und senkrecht zur Achse, da die Gewindegänge die Meßstücke zentrieren, zwar leichter als bei glatten Bohrungen, wo man die Meßachse suchen muß, aber man kann die Anlage der Meßstücke im Gewindegang nicht beobachten.

27. Der Kerndurchmesser wird am vorteilhaftesten mit Keilmaßen gemessen. Zwei Keilstücke, die auf ihrer Innenseite flach sind und außen annähernd dem Bohrungsdurchmesser entsprechen, werden zusammengeschoben, bis sie außen anliegen. An den vorstehenden Enden kann man dann den Kerndurchmesser mit der Feinmeßschraube bestimmen.

Meßfehler entstehen bei diesen Messungen nur, wenn die Meßstücke nicht parallel zur Achse liegen. Die erreichbare Meßgenauigkeit ist abhängig von der gefühlsmäßig genauen Einstellung auf die Bohrungsachse, sie schwankt zwischen 10 und 20 μ. Man kann bei entsprechender Handhabung mit Meßschnäbeln, die mit Endmaßen genau eingestellt sind, auch Meßgenauigkeiten bis 5 μ erreichen. Bei Muttern und Werkzeugen reicht diese Genauigkeit der Messung vollkommen aus.

28. Der Außendurchmesser. Ähnlich liegen die Verhältnisse beim Messen des Außendurchmessers. Hier können genau dieselben Geräte verwendet werden wie bei den Bolzenmessungen, mit der Einschränkung, daß die Meßstücke so geformt sind, daß sie in die Gewindegänge eingreifen und am Gewindegrund aufsitzen. Da das Anliegen der Meßstücke am Gewindegrund nicht beobachtet werden kann, muß man sich auf die Selbsteinstellung des Gerätes verlassen. Die günstigsten Ergebnisse erhält man beim Vergleich mit einem maßbekannten Urstück: Man stellt das Gerät zwischen zwei Gewindegänge des Urstücks, also im Steigungswinkel, ein und vergleicht damit dann das Werkstück. Die dabei erreichbare Genauigkeit ist 10 bis 20 μ.

29. Der Flankendurchmesser. Meßstücke wie Kegel und Kimme oder noch günstiger Kugeln sind zum Messen der Flankendurchmesser von Innengewinden genau so verwendbar wie für das Messen beim Außengewinde. Auch sind die gleichen Fehler möglich, nur kommen zu den früher angegebenen Meßfehlern für die gleichartigen Geräte noch rund $10\ldots20\,\mu$ wegen der wesentlich größeren Unsicherheit beim Messen hinzu. Dem Prüfdraht entspricht bei Innenmessungen die Kugel.

Im Meßraum kann man den Flankendurchmesser von Lehrringen mittels Zusatzeinrichtungen zum Optimeter recht genau mit Einstellmaßen vergleichen. Abb. 40 zeigt den Meßvorgang und Abb. 41 das Einstellen des Gerätes nach Parallelendmaßen und Meßschnäbeln.

Abb. 40. Optimeter mit Innengewindemeßeinrichtung. (Carl Zeiss, Jena.)

Bei größeren Gewindedurchmessern kann man auch mit dem Stichmaß (Abb. 42) messen, das nach einer Feinmeßschraube (Abb. 43) oder einem Urring eingestellt wird.

Die Meßfehler der Innenmeßgräte liegen rund ein Drittel höher als bei den gleichartigen Bolzenmeßgeräten. Sie sind auch in derselben Weise zu berechnen.

30. Steigung und Flankenwinkel.

Einfacher ist bei Innengewinden das Messen der Steigung. Mit Kugel oder Kegel wird die Gewindeflanke abgetastet und dann das Werkstück oder Meßstück verschoben. Schwierigkeiten macht nur das Aufspannen, da die Bohrungsachse zur Meßachse genau parallel sein muß. Ein anderes Verfahren, hauptsächlich zum Nachprüfen von Lehren auf Steigungsgenauigkeit und Flankenwinkelfehler ist das Ausgießen[1] der Mutter oder des Lehrringes, bei rauhen Oberflächen nur teilweise, bei glatten Oberflächen voll, und Messen des Abgusses am Mikroskop. Voraussetzung für eine annähernd brauchbare Meßgenauigkeit ist dabei die Verwendung schwindungsfreien Werkstoffes zum Ausgießen; am

Abb. 41. Einstellen der Tastkugeln des Optimeters nach Parallelendmaßen und Meßschnäbeln für eine Innengewindemessung. (Carl Zeiss, Jena.)

besten geeignet ist Kupferamalgam. Auch optische Meßverfahren zum Messen der Steigung und des Flankenwinkels sind entwickelt worden, ohne jedoch praktische Bedeutung erlangt zu haben.

In der Gewindelehrenfertigung werden Lehrringe nur selten gemessen. Man fertigt die Innengewinde nach genauen Bolzen in verschiedenen Stufen, paßt diese ein und berücksichtigt die notwendigen Untermaße, die durch Steigungs- und

---

[1] Ausführliche Angaben s. G. Berndt: Messung von Innengewinden an Abgüssen. Werkzeugmasch. Bd. 33 (1929) Nr. 7 S. 157.

Winkelfehler notwendig sind. Innengewindemessungen sind nur notwendig bei der Reihenfertigung von Gewindelehren, um Lehrring und Lehrdorn getrennt, und zwar so herstellen zu können, daß sie zusammenpassen, aber noch nicht ineinander einschraubbar sind (vgl. Abschn. 6, Abb. 7).

C. Das Prüfen von Außen- und Innengewinden mit festen und einstellbaren Lehren.

31. Der Verwendungsbereich der Lehren. Beim „Prüfen" (Abschn. 18 und 20) kann es möglich sein, daß einzelne Bestimmungsgrößen bereits außer Toleranz liegen und daß die Lehrenhaltigkeit nur durch eine Bestimmungsgröße gewahrt wird. Wir wissen beim Prüfen von Gewinden nur, daß die Gutseite der Lehre wenigstens gerade übergleiten, die Ausschußseite höchstens gerade noch klemmen soll. Es geht nicht, beim Prüfen die Toleranzen jeder einzelnen Bestimmungsgröße nachzumessen, denn das Ziel des Tole-

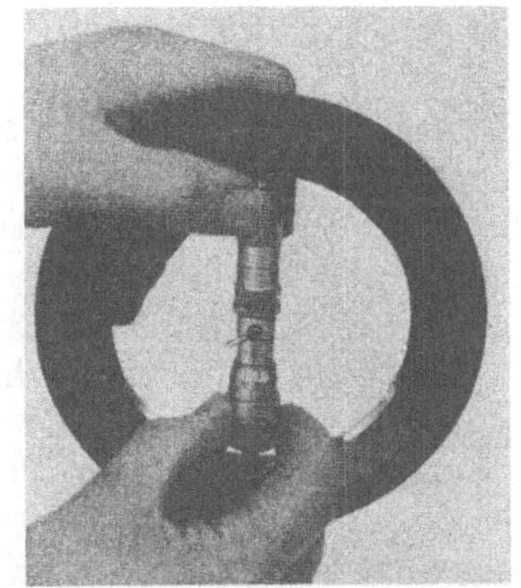

Abb. 42. Gewindestichmaß.
(Carl Zeiss, Jena.)

rierens ist ja nicht, Möglichkeiten zur Kritik an einzelnen Ausführungsmaßen zu schaffen, sondern unvermeidliche, in der wirtschaftlichen Fertigung begründete Abweichungen in bestimmte Gütegrade abzugrenzen. Nach der Gutseite zu bedeutet dies die Festlegung der Einschraubbarkeit, nach der Ausschußseite die Festlegung der Gängigkeit (Abschn. 37) bzw. der Festigkeit der Schraubenverbindung. So gilt auch beim Gewindeprüfen der Taylor'sche Grundsatz für Lehren: „Gutseite lehrt alle Maße gleichzeitig; Ausschußseite lehrt jedes Maß einzeln."

Während wir beim Messen fünf Bestimmungsgrößen suchen müssen, also fünfmal messen, schrauben oder tasten wir beim Prüfen nur einmal die Lehre über das Gewinde. Benötigt man zum Messen eines Gewindebolzens M 20 × 1,5 am Werkstattmikroskop, dem wirtschaftlichsten Meßgerät, weil man sämtliche Bestimmungsgrößen damit in einer Aufspannung messen kann, fünf Minuten, so braucht man demgegenüber zum Prüfen mit einem Prüfgerät, der Rachenlehre,

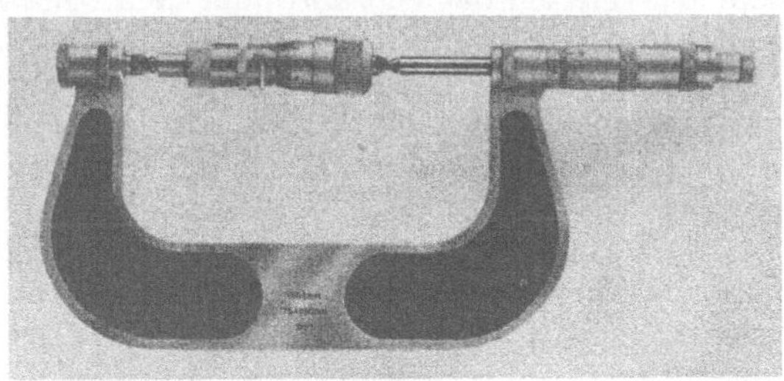

Abb. 43. Einstellen eines Gewindestichmaßes mittels Gewindeschraublehre mit Kegel und Kimme. (Carl Zeiss, Jena.)

nur 0,5 Minuten. Das ist der ausschlaggebende Punkt, der die Verwendung von Lehren und das Prüfen statt des Messens in der Werkstatt erzwingt. Welches Lehrensystem dabei angewendet wird, ob Normallehren oder Grenzlehren oder andere Vergleichsgeräte, entscheidet die verlangte Genauigkeit und die Wirtschaftlichkeit der Messungen. Damit grenzen wir zugleich den Verwendungsbereich der Lehren annähernd ab.

Allgemein gilt:

a) Gütegrad „grob", der in der Hauptsache für allgemeine Schrauben verwendet wird, läßt derart große Toleranzen zu, daß bei einwandfreien Fertigungsmaschinen und Werkzeugen die Toleranz nur selten überschritten wird. Man kann bei diesen Gewinden die Prüfung auf Stichproben beschränken, wenn man von Anfang an von der Gutseite wegbleibt und die Ausschußseite bei Außengewinden etwas enger als vorgesehen einstellt. Mit Hilfe von Häufigkeitsuntersuchungen nach der Gaußschen Fehlertheorie (Abb. 18, S. 21) läßt sich der Wert, um den man die Ausschußlehre kleiner einstellen muß, um mit 95% Sicherheit innerhalb des Gütegrades „grob" zu fertigen, leicht feststellen.

b) Will man den Gütegrad „mittel" erreichen, dann kann man auf Grund der wesentlich geringeren Toleranz, um für die Ausschußseite ein genügend großes Toleranzfeld zu behalten, von der Gutseite nicht so weit wegbleiben, daß sie mit Sicherheit nicht überschritten wird. In diesem Falle muß man die Gutseite bei jedem Stück und die Ausschußseite mit Stichproben prüfen. Daß es möglich ist, bei Mitteltoleranz die Prüfung der Ausschußseite auf Stichproben zu beschränken und dennoch mit gewisser Sicherheit im Toleranzfeld zu bleiben, geht aus dem Häufigkeitsbild in Abb. 18 aus folgenden Gründen hervor:

Hat man im Betriebe durch Häufigkeitsuntersuchungen erst einmal die Fehlerquellen ermittelt und die Ausschußprozentsätze festgestellt, so strebt man eine diesen Ausschußsatz entsprechende oder besser noch etwas stärkere Verkleinerung des Streufeldes an, indem man die Toleranz, selbstverständlich nur bei Fertigung in großen Stückzahlen, enger festsetzt als der Norm entspricht. An den allgemeinen Betriebsverhältnissen wird nichts geändert, man kann daher annehmen, daß die zukünftigen Abweichungen gleichmäßig verteilt bleiben. Bemerkt sei dabei, daß ein gewisser Ausschuß immer entsteht, es sei denn, daß man das Toleranzfeld stark übertrieben verkleinern würde, was sich jedoch aus wirtschaftlichen Gründen von selbst verbietet.

c) Beim Fertigen nach Gütegrad „fein" ist es in allen Fällen notwendig, jedes einzelne Gewindestück auf „Gut" wie „Ausschuß" zu prüfen. Die Toleranzen sind hier so gering, daß es außerdem notwendig ist, bei Neueinstellung der Schneidwerkzeuge und zu Beginn der Fertigung die Gewinde am Mikroskop auf Genauigkeit der einzelnen Bestimmungsgrößen zu untersuchen. Der Unterschied zwischen dem Übergleiten der Gutlehre und dem Anfassen oder Anklemmen der Ausschußlehre ist bei Gütegrad „fein" eben noch wahrnehmbar. Optische Überwachung der Fertigung und 100proz. Prüfung der Werkstücke auf „Gut" und „Ausschuß" sind die einzige Gewähr für Einhaltung der Feintoleranz.

Welche Mängel die einzelnen Prüfverfahren haben, soll nachstehend geklärt werden.

32. Normalgewindelehren. Die Normallehren, d. h. der Lehrdorn und der Lehrring, sind die gegebenen Geräte zur Ermittlung der Einschraubbarkeit. Eine Schwierigkeit beim Prüfen mit diesen Werkzeugen ist besonders zu beachten. Aus Abschn. III B wissen wir, daß man Innengewinde praktisch nicht genau messen kann. Vom Hersteller der Normallehren werden deshalb, um die Gleichheit der Teile zu gewährleisten, Lehrring und Lehrdorn ineinander einschraubbar angeliefert. Diese Maßnahme ist aber falsch. Normallehren dürften im Neuzustand nicht einschraubbar sein (vgl. Abb. 7, S. 13). Damit sie es der eben erwähnten Forderung entsprechend sind, also aus Kontrollgründen, werden sie bereits mit rund $10\,\mu$ Spiel im Flankendurchmesser hergestellt. Diese Lehren sind deshalb schnell an der Abnutzungsgrenze. Nun gehen aber für Lehrring und Dorn die zulässigen Abnutzungsgrenzen über die Nullinie (s. Abschn. 6, Tabelle 4, S. 13) hinaus. Deshalb kommt es vor, daß die mit solchen Lehren abgenommenen Werkstücke nicht zusammengeschraubt werden können. Aus diesen Gründen müssen die Normallehren beim Prüfen von Werkstücken immer leicht gehen, so daß auf diese Weise die obigen Fehler wieder ausgeglichen werden.

Für die Ausschußprüfung sind Normallehren überhaupt nicht zu verwenden. In 80% aller Fälle wird beim Beurteilen der Ausschußseite falsch entschieden. Hier gilt besonders der in Abschn. 3 bereits nachgewiesene Grundsatz, daß genaue

Gewinde wackeln und ungenaue Gewinde zügig gehen. Beim Prüfen mit Normallehren sind zahlreiche Fehler möglich, von denen ein Teil jedoch schon vorher bei sachkundigem Betrachten der Werkstücke erkannt wird. In Abb. 44 ist ein Normalgewindelehrensatz dargestellt. Der zylindrische Ansatz des Lehrdornes dient zum Prüfen des Kerndurchmessers der Mutter.

33. Gewindegrenzlehren. Um auch die Ausschußseite eines Gewindes mit festen Lehren zu erfassen, hat man sog. Grenzlehren geschaffen. Der Grundsatz dabei ist, wie bei den Normallehren, ein

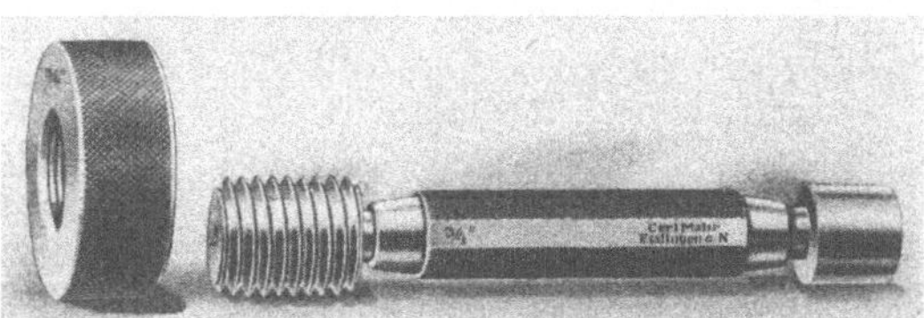

Abb. 44. Normalgewinde-Lehrdorn und -Mutter. (Carl Mahr, Eßlingen.)

Gewinde mit einem idealen Gegenstück zu vergleichen, und zwar einmal auf der Gutseite und einmal auf der Ausschußseite. Das Gegenstück auf der Ausschußseite ist jedoch nicht ein vollständiges Gewinde, sondern es besteht, um Fehler finden zu können, aus nur einem Gewindegang, dem eine Gewindelücke gegenüberliegt. Die Prüfung mit der Ausschußseite ist also grundsätzlich die gleiche wie mit Kegel und Kimme (Abschn. 23a). Deshalb gelten auch die gleichen Verhältnisse und Meßfehler. Entsprechend der Erkenntnis bei Kegel und Kimme, daß die Meßstücke der Gutseite lange Flanken und die der Ausschußseite kurze Flanken haben müssen, sind auch die Gewindeflanken der

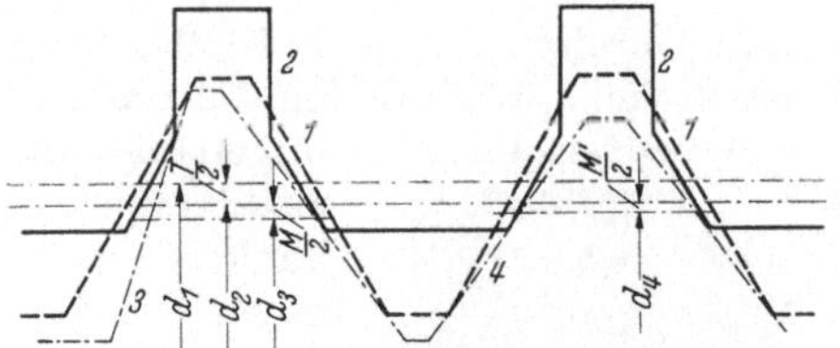

Abb. 45. Meßfehler beim Messen von Außengewinden mit Grenzlehren.

Grenzlehre-Ausschußseite verkürzt, wie grundsätzlich in Abb. 45 dargestellt ist. Im einzelnen bedeuten die Linienzüge dieser Abbildung folgendes:

Profil 1: Gewindeform der Gutlehre, zugleich als ideales Bolzengewinde dargestellt. Zu 1 gehört der theoretische Flankendurchmesser d_1.

Profil 2: Gewindeform der Ausschußlehre mit verkürzten Flanken. Dazu gehört der Flankendurchmesser d_2. Der Unterschied von d_1 und d_2 ist die Toleranz T.

Profil 3: Fehlerhaftes Bolzengewinde mit versetztem Flankenwinkel. Die Gutlehre geht gerade über das Gewinde. Die Ausschußseite schnäbelt an. Das Gewinde ist demnach noch lehrenhaltig. Der Flankendurchmesser ist aber auf Grund des Winkelfehlers bereits zu klein. $M = d_2 - d_3$ bezeichnet den dadurch entstehenden Meßfehler.

Profil 4: Fehlerhaftes Bolzengewinde mit zu stumpfem Flankenwinkel. Es ergeben sich ähnliche Verhältnisse wie bei 3. Der Meßfehler ist hier mit M' bezeichnet.

Man erkennt, daß Flankenwinkel- und Steigungsfehler möglich sind. Tabelle 11 gibt für das Beispiel eines Gewindes von 1,5 mm Steigung die möglichen Größtfehler des halben Flankenwinkels beim Messen mit Grenzlehren an.

Diese Größtfehler im halben Flankenwinkel sind jedoch nur dann möglich, wenn die Gutseite der Lehre gerade überzugleiten beginnt und die Ausschußseite

Tabelle 11. Größtfehler des halben Flankenwinkels für ein Gewinde von 1,5 mm Steigung beim Messen mit Grenzlehren.

Toleranz im Flankendurchmesser	Steigungsfehler mm	Flankenwinkelfehler
mittel . .	0	rd. 180′
fein . . .	0	„ 115′
mittel . .	0,025	„ 120′
fein . . .	0,025	„ 65′
mittel . .	0,045	„ 60′
fein . . .	0,032	„ 25′

gerade noch klemmt. In diesen Fällen würde ein derartig fehlerhafter Bolzen, in eine ideale Mutter eingeschraubt, „zügig" passen.

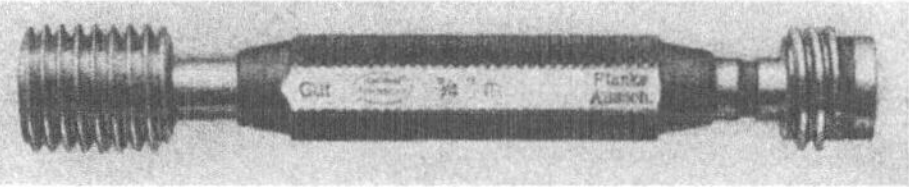

Abb. 46. Gewindegrenzlehrdorn. (Carl Mahr, Eßlingen.)

Abb. 46 stellt einen Grenzlehrdorn zum Prüfen von Muttern dar.

Man erkennt das volle Gewinde der Gutseite und die Ausschußseite mit zwei im Kern- und Außendurchmesser frei gearbeiteten Gewindegängen, also mit verkürzten Flanken. Von den Grenzlehren verdient die Grenzrachenlehre (z. B. Abb. 48) noch besondere Aufmerksamkeit. Die größten Schwierigkeiten beim Messen mit dieser Lehre liegen beim Einstellen und Handhaben. Die Rachenlehre muß so eingestellt sein, daß sie im gereinigten Zustande, leicht eingefettet, bei senkrechter Einführung in das Einstellstück (Abb. 47) durch ihr Eigengewicht gerade noch übergleitet. Das ist bekanntlich schwer zu erreichen. Tatsächlich kann selbst bei sorgfältiger Handhabung bis rund 50 mm Durchmesser der Grenzfall nicht günstiger als mit $\pm 5\,\mu$ und über

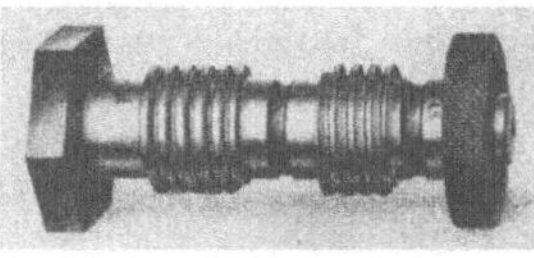

Abb. 47. Einstellstück für Grenzrachenlehre. (Carl Mahr, Eßlingen.)

50 mm Durchmesser mit $\pm 10\,\mu$ festgelegt werden. Dazu kommt, daß auch die Einstellstücke, nach denen die Rachenlehren eingestellt werden, eine Herstellungsungenauigkeit haben, die dem Einstellfehler noch hinzuzuzählen ist. Diese Tatsachen zwingen, um Unwirtschaftlichkeit zu vermeiden, in Grenzfällen oft zu Zugeständnissen. Dem Werkstattfachmann, der die Bedeutung von 0,01 mm vermeintlicher Abweichung genau kennt, darf man es deshalb nicht übelnehmen, wenn er übertriebene Genauigkeitsforderungen nicht ernst nimmt. Dem Prüfer ist zu raten, in solchen Fällen sehr vorsichtig zu sein und Grenzfälle ihrer Bedeutungslosigkeit wegen nicht zu engherzig zu beurteilen.

Es gibt Grenzrachenlehren mit kammartigen Meßbacken, die sehr genau herstellbar sind, allerdings auch leicht abnutzen. Beste Wirtschaftlichkeit durch geringe Abnutzung und leichte Handhabung erreicht man mit Lehren, deren Meßbacken als Rollen ausgebildet sind (Abb. 48). Diese Rollen müssen axial etwas beweglich sein, damit sie zwanglos in die Gewindegänge

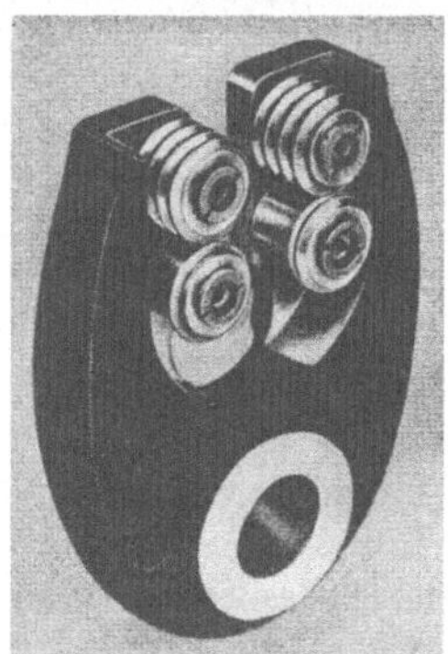

Abb. 48. Gewindegrenzrachenlehre (Aggra-Lehre). Ausführungsform zum Messen von Gewinden bis an einen Kopf oder Flansch. (Bauer & Schaurte, Hamburg.)

eingreifen können. Um die Rollen für verschiedene Gütegrade einstellen zu können, lagert man sie auf exzentrischen Zapfen (Abb. 49). — Man prüft in zwei um 90⁰ versetzten Ebenen. Ist das Gewinde länger als die Meßbacken, so muß an mehreren Stellen geprüft werden. Die Lehre darf nur durch ihr Eigengewicht über das Werkstück gleiten. Das gilt für die Gut- wie für die Ausschußseite. Die Ausschußseite muß gerade noch klemmen. Gleitet sie an einer Stelle über, dann entscheidet über die Brauchbarkeit des Gewindes eine dritte Messung um 45⁰ verdreht. Wenn eine Entscheidung auf diese Weise nicht zu treffen ist, so kann durch „Messen" des Flankendurchmessers und der Steigung (Abschn. 23 und 24) die Güte

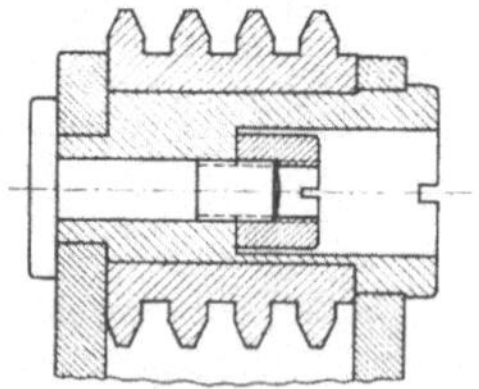

Abb. 49. Exzentrische Lagerung zum Nachstellen der Meßrollen bei der Aggra-Lehre.

des Gewindes nachgewiesen werden. Die Steigung ist in diesen Fällen besonders zu messen; Steigungsfehler sind im Meßergebnis ausdrücklich zu berücksichtigen.

Während die Grenzrachenlehre mit ihren sich drehenden und axial verschiebbaren Rollen fast keiner Abnutzung unterworfen ist und nur bei falscher Handhabung öfter nachgestellt werden muß, ist der Gewindegrenzlehrdorn (Abb. 46) einem überaus hohen Verschleiß unterworfen. Man rechnet ganz allgemein damit, daß der Lehrdorn nach 2000 Messungen vollständig abgenutzt ist.

34. Verstellbare Gewinderachenlehren[1]. Zum Prüfen der Feingewinde, die für einen größeren Durchmesserbereich die gleiche Steigung haben, kann man bei kleineren Stückzahlen die Anschaffung von festen Lehren für alle Durchmesser vermeiden, wenn man verstellbare Rachenlehren verwendet (Abb. 50).

Da die Toleranzen der Feingewinde bei derselben Steigung für einen bestimmten Durchmesserbereich, z. B. von 30…50 mm gleichbleiben, müßte man, von einem nach dem Gewindelehrdorn eingestellten Durchmesser ausgehend, die weiteren Durchmesser mittels Endmaßen, die

Abb. 50. Verstellbare Gewinderachenlehre. (Bauart Bauer & Schaurte.)

man zwischen die beiden Einstellambosse schiebt, einstellen können.

Das ist aber doch nicht ohne weiteres möglich. Nach Abschn. 23 ändert sich nämlich bei gleichbleibender Steigung mit dem Durchmesser auch der Steigungswinkel des Gewindes. Damit wird auch die Anlage der Meßrollen im zu messenden Gewinde anders, weil sie immer parallel zur Achse des Werkstückes gehalten wird. Die Meßrolle liegt, trotzdem ihr Flankenwinkel als mit dem des Werkstückes genau übereinstimmend gedacht ist, infolge der Gewindesteigung nicht genau an den Flanken des Werkstückes an, sondern sie wird in dem inneren, verhältnismäßig steilgängigeren Teil des zu messenden Gewindes eingeklemmt und dadurch nach außen herausgehoben (Abb. 51). Nur dann würde die Meßrolle genau im Gewindegang liegen, wenn ihre Achse senkrecht zu seiner Steigungsrichtung eingestellt werden könnte.

Wenn man nun, z. B. bei einem Gewinde M 30 × 1,5, die verstellbare

Abb. 51. Flankenanlage bei der Aggralehre (mit Rollen).

Rachenlehre nach einem vorhandenen Einstellstück für M 10 × 1,5 (Abb. 47) einstellt und die Lehre dann für das Gewinde M 30 × 1,5 einfach mit einem Endmaß von 20 mm erweitern wollte, dann würde man die Lehre um rund 13 μ zu groß einstellen, weil der Steigungswinkel des Gewindes bei dem größeren Durchmesser kleiner ist und die Meßrolle nicht soviel nach außen gedrängt wird.

Dieser, aus der Gewindesteigung entstehende Fehler, muß beim Einstellen berücksichtigt werden. Er ist nach J. Hercigonja[2] wie folgt zu berechnen:

---

[1] Ausführlicher siehe G. Berndt: Zum Gebrauch der verstellbaren Gewinderachenlehren. Werkst.-Techn. u. Werksleiter 1937 S. 273. Dort auch Kammlehren.

[2] Hercigonja, J.: Feinmech. u. Präz. 1934 S. 129.

$$k = \frac{4\,a^2}{d_1\,\delta}\left[1 - \frac{1 + d_1/D}{2\,\delta}\right] \tag{14}$$

worin $\quad a = \dfrac{h\,\text{cotg}\,\alpha/2}{2\,\pi}\,;\quad \delta = 1 + \dfrac{\sqrt{4\,a^2 + d_1{}^2}}{D}\,;\quad D =$ Durchmesser der Meßrolle; $d_1 =$ Durchmesser des zu messenden Gewindes, D und d_1 auf den Anlagepunkt der Rolle im Gewinde bezogen.

Der entstehende Gesamtfehler beträgt $2\,k$; er wird um so größer, je größer die Meßrolle und je kleiner der Durchmesser des zu messenden Gewindes ist (Abb. 52).

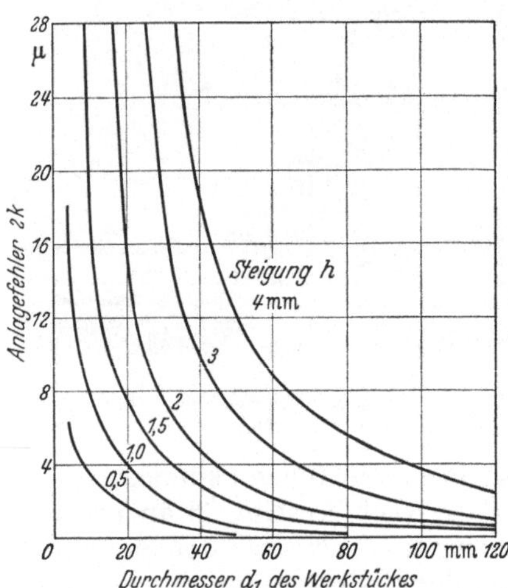

Abb. 52. Näherungswerte für $2\,k$ bei 16 mm Meßrollendurchmesser.

Bei der Berechnung dieser Abbildung wurde der Einfachheit halber für d_1 der Kerndurchmesser des Gewindes eingesetzt. Zu diesen Anlagefehlern kommen selbstverständlich noch die beim Verstellen infolge von Kippungen und seitlichen Verschiebungen entstehenden Fehler hinzu.

Will man die verstellbaren Rachenlehren auch für größere Durchmesserbereiche verwenden, dann muß außer der Gutseite auch die Ausschußseite der größeren Toleranz entsprechend besonders eingestellt werden, was mittels exzentrisch gelagerter Meßrollen möglich ist. Die verstellbare Gewinderachenlehre ist immer nur ein Behelf, nie ein maßgebendes Prüf- und Abnahmegerät. Sie sollte daher auch nur für die kleine Reihenfertigung und bei wenig gebrauchten Gewindegrößen angewendet werden.

35. Einstellbare Vergleichsgeräte. Bei Reihenfertigung und Einzelprüfungen prüft man die Gewinde am wirtschaftlichsten mit einstellbaren Vergleichsgeräten, die einen größeren Meßbereich haben. Diese Geräte bieten gleichzeitig den Vorteil, was bei Fertigung kleinerer Stückzahlen sehr wichtig ist, daß der Dreher oder Schleifer damit die Abweichung noch während der Bearbeitung feststellen und seine Maschine dementsprechend zustellen kann. Er arbeitet dadurch sicherer.

Abb. 53 zeigt eine einstellbare Gewinderachenlehre mit Meßuhr. An der Meßuhr ist wie bei der Flankenschraube $^1/_{100}$ mm ablesbar. Für die Einstellung dieses Gerätes ist kein besonderer Einstelldorn notwendig. Der zum Prüfen für die Mutter verwendete Normallehrdorn kann ohne weiteres unter Berücksichtigung seines Abmaßes auch zum Einstellen der Meßuhrrachenlehre verwendet werden, da

Abb. 53. Gewinderachenlehre mit Meßuhr, einstellbar, mit auswechselbaren Einsätzen. (Carl Mahr, Eßlingen.)

ja nur die Nullstellung eingestellt zu werden braucht und die Ausschußseite unmittelbar abgelesen werden kann.

Die Lehre hat den Nachteil, daß man Gut- und Ausschußseite nicht gleichzeitig messen kann, da man ja für die Gutseite vollständige und für die Ausschußseite verkürzte Meßstückflanken braucht. Man kann sich nur damit helfen, daß man entweder zuerst die Gut- und dann die Ausschußseite mißt und die Meßstücke jeweils auswechselt, oder daß man mit verkürzten Meßstücken mißt und von der Gutseite um einen entsprechenden Betrag wegbleibt.

In Abb. 54 ist ein einstellbarer Meßuhrinnentaster, ebenfalls mit Kegel und Kimme, dargestellt. Auch hier muß, wenn die Gutseite der Mutter nicht mit dem Normallehrdorn gemessen wird, von der Gutseite weggeblieben werden.

Für beide Geräte ist ratsam, da man die Normallehren zum Einstellen braucht, die Gutseiten der Werkstücke mit den Normallehren und die Ausschußseiten mit der Vergleichslehre zu prüfen. Das einstellbare Gerät kann für eine große Reihe von Durchmessern verwendet werden. Eine Abnutzung macht sich nicht bemerkbar, da die Meßstücke dem Meßdruck nachgeben und das Gerät jederzeit nachgestellt werden kann. Hat man Normallehren zum Einstellen nicht zur Verfügung, dann kann man wie in Abb. 41 und 43 Meßschnäbel oder Stichmaße verwenden. Da die Ausschußseite nicht fest eingestellt, sondern nur durch die Ablesung an der Meßuhr begrenzt ist, kann jedes beliebige Abmaß, ganz gleichgültig, ob Gütegrad fein, mittel oder grob, Dicht- oder Festsitzgewinde, auf Lehrenhaltigkeit geprüft werden. Dabei ist die Meßgenauigkeit eher günstiger als bei den Grenzlehren, denn das Abmaß des Einstellstückes kann bei der

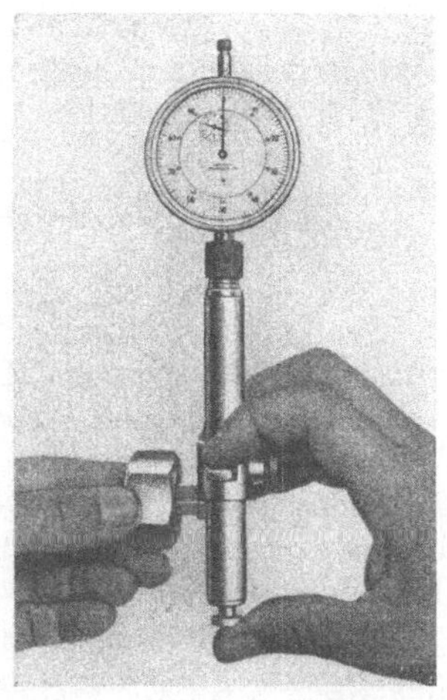

Abb. 54. Gewindeinnentaster mit Meßuhr. (Carl Mahr, Eßlingen.)

Meßuhreinstellung berücksichtigt werden. Außerdem ist ein Meßfehler durch zu starkes Überdrücken der Lehre über das Werkstück nicht möglich, weil die bewegliche Seite nachgibt. Übrigens sind diese Lehren mit einer Abhebevorrichtung für den Tastbolzen ausgerüstet. Beim Messen wird der Meßbolzen abgehoben und erst in der Meßstellung auf das Werkstück aufgesetzt. Man muß beim Messen lediglich darauf achten, daß die Meßachse rechtwinklig zum Werkstück steht. Das ist in dem Augenblick erreicht, in welchem bei Bolzenmessungen der Kleinstwert und bei Muttermessungen der Größtwert an der Meßuhr angezeigt wird.

36. Fertigungslehren und Abnahmelehren. Bei allen Gewindeprüfungen zur Abnahme werkfremder Werkstücke ist es besonders wichtig, daß als feste Lehren nur solche Lehrdorne und Lehrringe verwendet werden, die an den äußersten Abnutzungsgrenzen liegen. In gleichem Sinne müssen einstellbare Vergleichsgeräte auf die entsprechenden Abnahmemaße eingestellt sein. Dagegen kommen grundsätzlich bei den Fertigungsprüfungen in der Werkstätte nur neue Lehren und auf das Kleinstmaß eingestellte Vergleichsgeräte zweckmäßigerweise in Frage, während wiederum in den einzelnen Prüfstellen mit abgenutzten Lehren und an der äußersten Grenze eingestellten Vergleichsgeräten abgenommen werden muß. Die Eingangsprüfstellen haben darüber hinaus noch die Herstellungsgenauigkeiten der Abnahmelehren zu berücksichtigen. Der Lieferant hat Anspruch darauf, daß seine Teile mit den nach DIN festgelegten Abnahmelehren und nicht mit normalen Prüflehren abgenommen werden.

Das Messen der festen Lehren und der Meßstücke der Vergleichsgeräte hat nach den in Kapitel III A und B enthaltenen Angaben zu erfolgen. Dabei gilt grundsätzlich:

a) Messen des Flankendurchmessers an Lehrdornen nach dem Dreidrahtverfahren.

b) Prüfen des Flankendurchmessers an Lehrringen mit genauen Dornen unter Berücksichtigung, daß, wenn der Dorn ohne Spiel eingeführt werden kann, der Ring bereits 2 bis 4 μ größer ist. Der Bolzen darf dabei nur mit ganz leichtem Knochenöl benetzt sein.

c) Messen des Flankenwinkels und der Steigung von Lehrdornen und Einstellgeräten am Werkzeugmikroskop oder bei Abnahme neuer Lehren am Universalmeßmikroskop.

Die dabei auftretenden Meßfehler sind zu berücksichtigen, wie in Kapitel III A und B geschildert und beim Ermitteln des tatsächlichen Flankendurchmessers in Rechnung zu stellen.

IV. Messen und Prüfen von Bewegungsgewinden.

A. Trapezgewinde.

37. Genauigkeitsanforderungen im Hinblick auf den Verwendungszweck. Man unterscheidet auch die Trapezgewinde am günstigsten nach ihrer Verwendung an Meßspindeln und Arbeitsspindeln. Bei der Meßspindel spielt die Genauigkeit der Bewegung, also die Steigungsgenauigkeit, die größere Rolle. Der Flankenwinkelfehler und das axiale Spiel sind dabei ohne besondere Bedeutung, da man ja immer von ein und derselben Flankenseite aus, also immer nach gleicher Drehrichtung messen bzw. beim Messen anschlagen muß. Da man aber bei Trapezgewinde wegen des kleinen Flankenwinkels allgemein trotz größter Sorgfalt im günstigsten Falle nur eine Steigungsgenauigkeit von rund 15 μ auf 100 mm erreicht, so kann man Trapezgewinde auch nur für gröbere Meßgeräte verwenden oder man muß die Steigungsfehler durch Korrekturlineale ergänzen. Bei einer Mikrometerschraube beträgt die Steigungstoleranz auf 25 mm Länge im Höchstfalle 4 μ. In den meisten Fällen bleibt aber die wirkliche Steigungsabweichung unter diesem Wert und liegt bei ungefähr 2 μ. Meßspindeln größerer Länge an bestimmten Geräten haben Steigungstoleranzen von $\pm$ 10 μ auf 300 mm Länge, ja sogar auf 500 mm Länge. Neuerdings ist das Schleifen der Gewinde so sehr vervollkommnet worden, daß es möglich ist, Gewindespindeln mit Trapezgewinde von 500 mm Länge mit einer Steigungsgenauigkeit von $\pm$ 8 μ auf die Gewindelänge zu schleifen[1]. Dabei sind allerdings klimatisierte Schleif- und Meßräume, deren Temperaturschwankungen 0,3° nicht überschreiten, notwendig.

Die Verwendung von Trapezgewinde erstreckt sich hauptsächlich auf die Arbeitsspindeln an Werkzeugmaschinen usw. Die Leitspindeln von Genaudrehbänken, Gewindeerzeugungsmaschinen, Verzahnungsmaschinen u. ä. nehmen eine Sonderstellung ein. Sie werden mit einer im allgemeinen Fertigungsgang sonst nicht durchführbaren Sorgfalt hergestellt, teilweise mit Genauigkeiten in der Größenordnung wie bei Meßspindeln. Im übrigen liegen die Verhältnisse bei den Arbeitsspindeln sonst selbstverständlich ganz anders als bei Meßspindeln. Bei den Arbeitsspindeln ist das Gewinde in erster Linie Kraftübertragungsmittel und dient nur nebenbei auch zum Messen. Deshalb spielt hier der Flankenwinkel die bedeutendere Rolle, da von seiner Genauigkeit die Gängigkeit[2] der Spindel und damit auch die Leistung der Maschine in mkg/Std. abhängt. Der Flankenwinkelfehler muß also bei Arbeitsspindeln in Beziehung gebracht werden zu der Belastung des Gewindes (Abschn. 39).

---

[1] Angaben der Firma Herbert Lindner, Berlin-Wittenau.

[2] „Gängigkeit" bedeutet: Die Flächenbeanspruchung und Reibung der Flanken und damit der Kraftaufwand beim Bewegen liegt infolge hinreichend guter Flankenanlage innerhalb erträglicher Grenzen, also „Leichtgängigkeit unter Last".

38. Die Herstellungsfehler von Trapezgewinden. Nach Abb. 3 (S. 5) hat das Trapezgewinde am Außen- und Kerndurchmesser ein Spiel in solcher Größenordnung, daß hier in keinem Falle sich Bolzen oder Spindel und Mutter berühren können, die Führung liegt restlos in den Flanken. Daher brauchen auch die Genauigkeitsbetrachtungen nur auf Flankendurchmesser, Flankenwinkel und Steigung gerichtet zu werden, und es gelten auch zunächst dieselben grundsätzlichen Überlegungen, wie sie in den früheren Abschnitten allgemein für Gewinde angestellt worden sind.

Auf die Toleranzen wurde in Abschn. 3 (vgl. Tabelle 1, S. 8) kurz hingewiesen. Die in Abschn. 9 (S. 17) für Flankenwinkel- und Steigungsfehler entwickelten Gl. (1) und (2) gelten auch für das Trapezgewinde. Der kleinere Flankenwinkel $\alpha = 30^0$ macht allerdings einige besondere Feststellungen notwendig. Bei Arbeitsspindeln ist der eigentliche Betriebszustand erst erreicht, wenn die beim Arbeiten beanspruchte Flanke so weit abgenutzt ist, daß sie auf der ganzen Fläche trägt, d. h. die Flankenwinkel- und Steigungsfehler müssen durch diese Abnutzung ausgeglichen werden. Theoretisch ist dann ein axiales Spiel vorhanden, das der Summe dieser Fehler entspricht. Liegt außerdem zufällig die Mutter mit dem Flankendurchmesser an der Gutgrenze und das Spindelgewinde an der Ausschußgrenze, so kommt die Durchmessertoleranz noch hinzu. Man muß also im ungünstigsten Falle, d. h. bei voller Ausnutzung der Toleranzanteile für Flankendurchmesser, Flankenwinkel und Steigung (vgl. Tabelle 1) mit einem der Summe dieser Toleranzen entsprechenden Axialspiel rechnen.

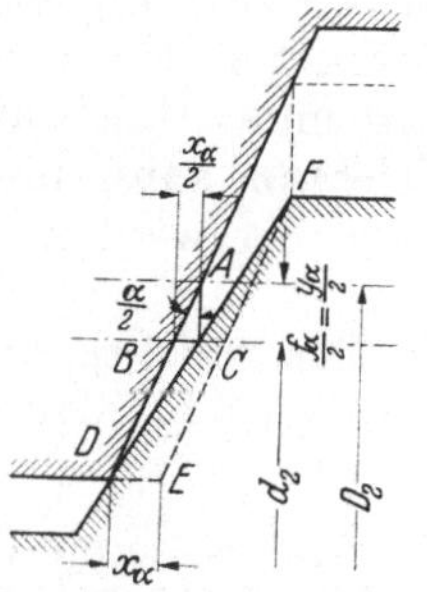

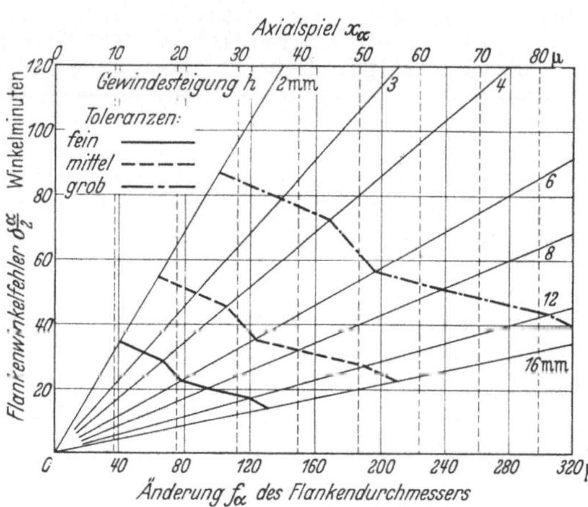

Abb. 55. Flankenwinkelfehler, Flankenabnutzung und Spiel bei Trapezgewinde.

Nach Abschn. 9 ist die Änderung des Flankendurchmessers zum Ausgleich des Flankenwinkelfehlers bei Trapezgewinde $f_\alpha = 0,582\, h\, \delta\, \alpha/2$. In Abb. 55 ist die wegen des Flankenwinkelfehlers notwendig werdende Abnutzung DE mit x_α bezeichnet; in dem Dreieck ABC ist $BC = x_u/2$, und man erhält daraus

$$x_u/2 = f_\alpha/2 \; \mathrm{tg}\, \alpha/2\,,$$

also $x_u = f_\alpha \,\mathrm{tg}\, \alpha/2\,.$

Setzt man für $\alpha/2$ den Zahlenwert 15^0 ein, so wird $x_\alpha = 0,268\, f_\alpha$, und nach Einsetzen des Wertes für f_α das durch den Flankenwinkelfehler bedingte Axialspiel

$$x_\alpha = 0,268 \cdot 0,582\, h\, \delta\, \alpha/2$$
$$= 0,156\, h\, \delta\, \alpha/2\,. \qquad (15)$$

Mit dem Axialspiel ist selbstverständlich auch ein Radialspiel vorhanden, in Abb. 56 $AC = y_{\alpha/2}$ $= f_{u/2}$ bzw., auf den Durchmesser gerechnet: $y_\alpha = f_\alpha$. Da nun $x_\alpha = 0,268\, f_u$, so gilt:

Das Axialspiel beträgt nur rund $^1/_4$ des auf den Durchmesser gerechneten Radialspieles.

Mit Hilfe der Gl. (15) kann man x_α unmittelbar berechnen oder ein **Schaubild** zeichnen, wie es in Abb. 56 dargestellt ist. Diese Abbildung entspricht in ihrer

Abb. 56. Einfluß der Flankenwinkelfehler bei Trapezgewinde auf Flankendurchmesser (f_α), Axialspiel (x_α) und Radialspiel ($y_\alpha = f_\alpha$).

Grundform der Abb. 14 (S. 18), nur daß hier am oberen Rande, der Gl. (15) entsprechend, noch die Zahlenwerte für x_α mit dem $1/0{,}268$fachen Maßstabe von f_α aufgetragen worden sind. Auf den Strahlen für die Steigungen sind dann noch wie in Abb. 14 die hier nach Werkst.-Techn. Bd. 31 (1937) Nr. 2 S. 44 berechneten Toleranzen für den Teilflankenwinkel angegeben.

Solange die Steigung der Mutter nicht mit derjenigen der Spindel übereinstimmt, müssen einzelne Teile der Flanke die ganze Last tragen. Erst nach einer gewissen Abnutzung, die theoretisch gleich dem Steigungsfehler ist, wird der eigentliche Betriebszustand erreicht. Sind die Toleranzen nicht als Steigungstoleranzen, sondern wie z. B. in Tabelle 1 umgerechnet auf den Flankendurchmesser angegeben, so kann man ihren in der Achsenrichtung liegenden Wert $x_h = \delta h$ aus Abb. 15 entnehmen oder mit Gl. (2) (S. 18) berechnen. Danach ist $f_h = \delta h \cotg \alpha/2$ bzw. $x_h = \delta h = f_h \operatorname{tg} \alpha/2 = 0{,}268\, f_h$. Genau so ist das Verhältnis der zum Ausgleich reiner Durchmesserfehler festgesetzten Flankendurchmessertoleranz (s. Tabelle 1), die mit f_d bezeichnet sein möge. Auch diese Toleranz kann mit der vorstehenden Gleichung in ihren Axialbetrag x_d umgerechnet werden:

$$x_d = f_d \operatorname{tg} \alpha/2 = 0{,}268\, f_d .$$

Das gesamte, an Arbeitsspindeln nach der Abnutzung der Fehler auftretende Axialspiel für Trapezgewinde beträgt somit im Höchstfall (in μ)

$$x = x_\alpha + x_h + x_d = 0{,}268\, (f_\alpha + f_h + f_d). \tag{16}$$

Zum besseren Verständnis für die zahlenmäßige Größe solcher Axialspiele ist in Tabelle 12 für die Trapezgewinde aus Tabelle 1 einmal als $y = f$ die gesamte Flankendurchmessertoleranz, Gütegrad „mittel", eingetragen, die ja zugleich das nach Abnutzung vorhandene Radialspiel, auf den Durchmesser gerechnet, angibt, und darunter das entsprechende Axialspiel x. Die Zahlenwerte für x und y kann man leicht auf die anderen Gütegrade umrechnen, indem man sie für „fein" mit 0,63 und für „grob" mit 1,6 malnimmt (Abschn. 3).

Tabelle 12. Größtmögliche Radialspiele y und Axialspiele x in μ ($1\,\mu = \frac{1}{1000}$ mm) für Trapezgewinde bei Fertigung nach Gütegrad „mittel", nachdem die Flanken den zulässigen Fehlern entsprechend abgenutzt sind (vgl. Tabelle 1).

Trapezgewinde	14 × 4		30 × 6		50 × 8		100 × 12	
Einschraublänge .... mm	16	32	30	60	50	100	100	200
Flankendurchmessertoleranz, zugleich Radialspiel y ...... μ	233,6	296,5	308,6	351,3	375,0	427,2	473,3	618,1
Axialspiel $x = 0{,}268\, y$ ...... μ	63	79	83	94	100	114	127	165

39. Flankenwinkelfehler und Verformung der Flanken unter Last. Beim Arbeiten einer Gewindespindel tritt an den Flanken Reibung auf. Diese Reibung ist abhängig von der Herstellungsgüte der Gewindeflanken, vom Werkstoff der Spindel und der Mutter, von der Schmierung, aber auch von der Größe der Flankenwinkelfehler, bevor diese durch Abnutzung ausgeglichen sind. Schon in Abschn. 37 wurde darauf hingewiesen, daß die Gängigkeit hauptsächlich durch die Flankenwinkelfehler beeinflußt wird. Die Flankendurchmesserfehler haben nur Einfluß auf das Spiel, die Steigungsfehler bewirken eine verschiedene Dicke der Schmierschicht zwischen den tragenden Flächen und dadurch eine ungleichmäßige Verteilung der Last auf die Gewindegänge innerhalb der Einschraublänge. Die Flankenwinkelfehler aber haben zur Folge, daß die Flanken statt in einer Fläche nur in einer Linie aneinander anliegen.

Nun wird gelegentlich angenommen, die Flanken würden sich unter dem Einfluß der Last verbiegen und dadurch trotz Flankenwinkelfehlers zur Anlage kommen. Diese Annahme ist falsch, wie man durch eine einfache Rechnung nachweisen kann.

Denkt man sich aus einem Gewindegang ein Stück von 1 cm Länge herausgeschnitten (Abb. 57), so kann dieses als ein an einem Ende eingespannter Balken betrachtet werden, der durch die am freien Ende angreifende Last P verbogen wird. Nimmt man an, daß sich das Gewinde an der Spindel und in der Mutter in gleicher Weise verformt, so kommt auf das freie Ende des Gewindeausschnittes eine Durchbiegung von der Größe $x_\alpha/2$ (Abschn. 38). Um die Rechnung recht einfach zu machen, sei Flachgewinde angenommen, so daß man $a = h/2$ setzen und den Querschnitt des Balkens über die ganze Länge $l = h/2$ gleichbleibend annehmen kann. Außerdem möge die ganze Kraft P am freien Ende angreifen, was

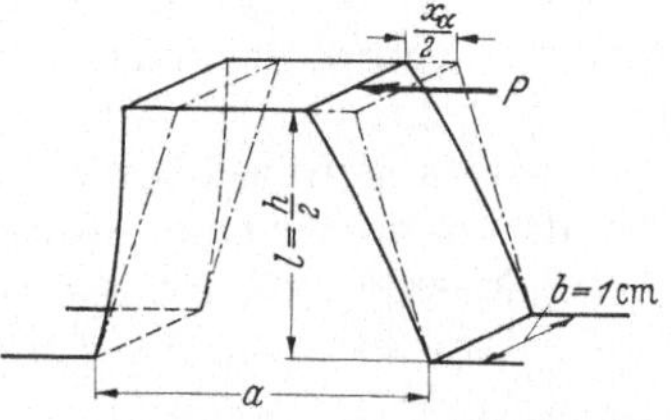

Abb. 57. Verbiegung der Gewindeflanken unter Last.

ja im ersten Augenblick der Belastung auch der Fall ist. Dann ist die Durchbiegung (vgl. Festigkeitslehre)

$$x_\alpha/2 = P l^3/3 E I .$$

Darin sind alle Längenmaße in Zentimeter einzusetzen. Die Länge l ist $= h/2$ und die Belastung P auf 1 cm Länge des Gewindeganges bei einer mittleren Flächenpressung p_m ist $P = 1\, h/2\, p_m$. Ferner ist das Trägheitsmoment $I = \dfrac{b a^3}{12} = \dfrac{1\,(h/2)^3}{12}$. E ist der Elastizitätsmodul (für Stahl $= 2\,100\,000$).

So wird

$$\frac{x_\alpha}{2} = \frac{h/2\, p_m\, (h/2)^3}{3\,E\,1/12\,(h/2)^3} = \frac{2\,h\,p_m}{E} .$$

Aus dieser Gleichung erhält man dann diejenige Flächenpressung p_m, die eine Verbiegung der Gewindeflanke um $x_\alpha/2$ hervorrufen würde:

$$p_m = E\, x_\alpha/4\, h .$$

Abb. 56 gibt bei $h = 6$ mm und Toleranz „mittel" $x_\alpha =$ rund $35\,\mu$ an. Setzt man diesen Betrag und auch die Steigung h in Zentimeter ein, so erhält man

$$p_m = \frac{2\,100\,000 \cdot 0,0035}{4 \cdot 0,6} = 3100 \text{ kg/cm}^2 .$$

Diese Flächenpressung ist ungefähr 40 mal so groß, wie nach praktischen Erfahrungen bei einer Arbeitsspindel zulässig ist. Dabei ist die Verbiegungsfestigkeit von Trapezgewinde noch erheblich größer als für das in der Berechnung angenommene Flachgewinde; man hätte dort p_m noch wenigstens 50% größer erhalten. Man kommt also mit diesen Flächenpressungen schon in die Größenordnung der Werkstoffestigkeiten hinein. Die Gewindeflanken sind so niedrig, daß ihre Verbiegung unter Last keine Rolle spielt. Auch ein Blick auf Abb. 5 bestätigt dies, denn an diesem Bild ist deutlich zu erkennen, daß die zerstörten Gewindegänge nicht umgebogen oder abgebrochen sind, sondern sich im Flankendurchmesser gegenseitig abgeschoren haben. Verbiegung der Flanken im oben erwarteten Sinne tritt nicht einmal bei den Befestigungsgewinden ein.

Für die Praxis gibt es nur eine Möglichkeit, der hier behandelten Frage Herr zu werden, nämlich, durch Versuche die bei den verschiedenen Flankenwinkelfehlern zulässigen mittleren Flächenpressungen zu ermitteln, bei denen das Gewinde im Dauerbetrieb arbeiten kann. Für Stahl auf Bronze gilt bei Ausführung des Gewindes nach Gütegrad „mittel" $p_m = 8$ kg/cm² als zulässig. Damit würde eine Spindel mit Trapezgewinde 50×8 bei einer Mutterhöhe $l = d$, also mit sechs Gängen, eine Kraft ausüben können von

$$P = d_2 \pi t_2 6 \cdot 8 = 4{,}6 \pi \, 0{,}35 \cdot 6 \cdot 8 = 242 \text{ kg} .$$

Bei Gütegrad „fein" ist der zulässige Flankenwinkelfehler um rund ein Drittel kleiner, die Flankenanlage also von Anfang an günstiger, so daß dann, auch im Hinblick auf die geringere Abnutzung, eine etwas höhere Belastung möglich ist. Gütegrad „grob" ist natürlich ungünstiger, aber die Herstellung ist dabei billiger; man wird ihn also anwenden, wenn nur geringe Kräfte ohne besondere Genauigkeitsforderungen zu übertragen sind, die Spindel aber aus sonstigen konstruktiven Gründen dennoch eine gewisse Dicke haben muß.

40. Messen und Prüfen von Trapezgewinden allgemein. Der kleine Flankenwinkel von 30° nach DIN 103 gegenüber dem Flankenwinkel des metrischen Gewindes macht das Messen der Trapezgewinde wesentlich schwieriger. Entsprechend dem in Abschn. 38 berechneten Verhältnis 1 : 4 zwischen Axial- und Radialspiel sind jedoch die Meßfehler von geringerer Bedeutung, allerdings auch leichter möglich als bei den Befestigungsgewinden.

Wegen der steileren Gewindeflanken kann man Trapezgewinde nicht mit Prüfdrähten messen, da sich diese sehr stark in die Flanken eindrücken. Man verwendet deshalb zum Messen des Flankendurchmessers besser Kegel und Kimme. Wegen der größeren Steigungen und der starken Abflachung der Kegelspitze kann man mit Kegel und Kimme sehr gut arbeiten.

Vorteilhaft für das Messen der Trapezgewinde ist auch das in Abb. 19 gezeigte Spitzengerät mit Meßschlitten, das für den allgemeinen Werkstattgebrauch vollkommen genügt. Der Tastkegel wird hier jedoch im Gegensatz zur Kimme, die flach ist, besser rund ausgeführt, damit er sich in die Steigungsrichtung genauer einlegen kann. Wenn das Tastgerät vollkommen genau auf Gewindemitte steht, dann liegt die Mitte des Tastkegels, der zur besseren Sicht auch geschnitten werden kann, genau im Achsenschnitt des Gewindes.

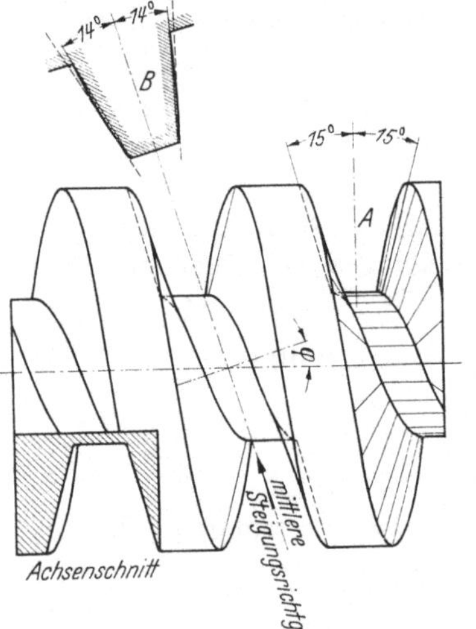

Abb. 58. Die Meßfehler beim optischen Messen von Trapezgewinden.
A. Unscharfe, falsche Gewindeform beim Messen senkrecht zur Achse.
B. Hohle Flanken und Verkleinerung des Flankenwinkels beim Messen in mittlerer Steigungsrichtung.

Wird das Trapezgewinde aus Genauigkeitsgründen am Universalmeßmikroskop gemessen, so gelten hier dieselben Fehlerbedingungen wie bei den metrischen Gewinden. In Abb. 58 ist genau so wie in Abb. 22 der beim optischen Messen senkrecht zum Achsenschnitt entstehende Meßfehler dargestellt. Man kann diesen Fehler wie beim metrischen Gewinde nach Gl. (5) (S. 31) berechnen. Im allgemeinen sind bis auf den Flankendurchmesser sämtliche Bestimmungsgrößen des Trapezgewindes wie die der Spitzgewinde zu messen und auch alle Fehler unter Berücksichtigung des kleineren Flankenwinkels dementsprechend zu berechnen.

Für schwierige Stücke, wie Schnecken, Abwälzfräser für Schneckenräder u. ä., ist ein besonderes Meßgerät (Abb. 59 bis 61) entwickelt worden[1]. Damit wird die

---

[1] Ausführliche Beschreibung s. Werkst.-Techn. Bd. 28 (1934) Nr. 18 u. 19 S. 361 u. 381.

Gewindeflanke ihrer ganzen Länge nach abgetastet und z. B. die Schnecke und der Abwälzfräser für ein Schneckenrad hinsichtlich ihrer Übereinstimmung miteinander verglichen.

Abb. 59. Meßschlitten des Meßgerätes für Abwälzfräser beim Prüfen der Eingriffs- und Profilfehler. (Ludw. Loewe & Co. A.-G., Berlin.)

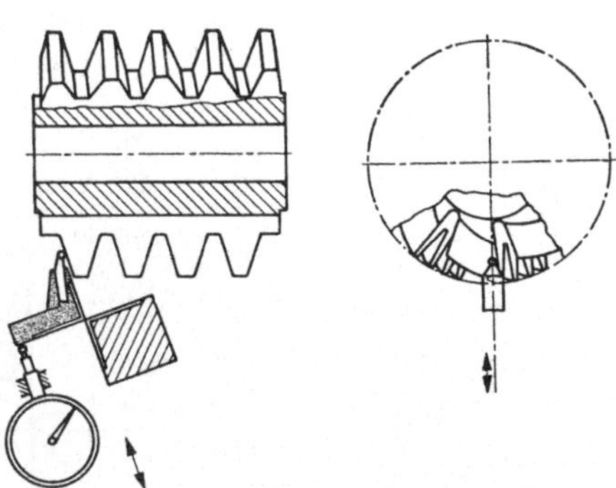

Abb. 60 u. 61. Nachmessen der hinterarbeiteten Flanken eines Fräsers mit dem Meßgerät Abb. 59.

Ein besonderes Augenmerk ist bei den Trapezgewinden bei ihrer Verwendung als Meßspindeln auf das Prüfen der Steigung zu richten.

41. Das Messen und Prüfen der Leitspindeln. Hier gelten vor allem die in Abschn. 39 gemachten Ausführungen. Beim Messen der Steigung von Leitspindeln genügt es nicht, den Fehler von Gang zu Gang und nur auf einer Seite festzustellen, sondern in diesem Falle muß die Messung an der Gewindeflanke am ganzen Umfang vorgenommen werden, sowohl nach vorwärts als auch nach rückwärts. Dadurch kann man auch die etwaigen Taumelfehler (periodische Steigungsfehler, Abschn. 24) feststellen. Ein Taumelfehler wirkt sich bei der Arbeitsbewegung der Spindel leicht so aus, daß der Werkzeugschlitten oder Arbeitstisch nicht genau in seiner Bewegungsebene bleibt, d. h. daß die mit dem Arbeitsschlitten festverbundene Mutter durch die Taumelbewegungen gekippt wird und diese Bewegungen auf den Arbeitsschlitten überträgt.

Man kann nun zwei Meßverfahren: ein optisches (dieses nur behelfsmäßig) und ein mechanisch-optisches anwenden.

a) Im ersten Falle wird die Spindel in V-Führungen aufgenommen, so daß sie nicht durchhängen kann, und am Universalmeßmikroskop mit ihrer Achse genau parallel zur Bewegungsachse des Meßschlittens eingestellt. Man mißt dann von der Nulleinstellung ab von Gang zu Gang erst auf der linken, dann auf der rechten Flankenseite. Dabei wird nicht der Fehler von Gang zu Gang, sondern auch die jeweilige Meßlänge festgestellt. Der Fehler von Gang zu Gang kann jedoch aus dem Meßergebnis als Unterschied zweier aufeinander folgenden Ablesungen herausgelesen werden. Nach dieser Messung wird die Spindel um 90° gedreht und die Messung wiederholt. Trägt man die erhaltenen Meßwerte im Diagramm auf, dann kann man den Steigungsverlauf sehr genau erkennen. Der Nachteil dieses rein optischen Verfahrens liegt darin, daß die Meßlänge nur 200 mm beträgt; der Vorteil aber ist, daß man gleichzeitig die Genauigkeit des Flankenwinkels und des Gewindeprofils prüfen kann.

b) Die zweite Art des Messens ist wesentlich genauer, aber nur mit der in Abb. 62 dargestellten Sondereinrichtung durchführbar.

Die Leitspindel wird in diesem Falle, um jede Verformung zu vermeiden, nicht fest zwischen Spitzen aufgenommen, sondern nur mit Hilfe eines Gewichtes, also mit gleichbleibender Kraft nach rechts gegen eine Reitstockpinole gedrückt. Geführt wird sie in Lagerbacken, wobei zwecks leichteren Ganges auf die Spindel

Nadellager aufgeschoben werden, die in den V-Lagern der Lagerböcke aufliegen. Die ganze Vorrichtung ist selbstverständlich auf einer Grundplatte aufgebaut, damit die Gleichläufigkeit der einzelnen Meßteile gewährleistet bleibt. Ist die Vorrichtung aufgebaut und die Gleichläufigkeit der Meßteile festgestellt, dann wird über die zu messende Spindel (Abb. 62) die geteilte Mutter gesteckt,

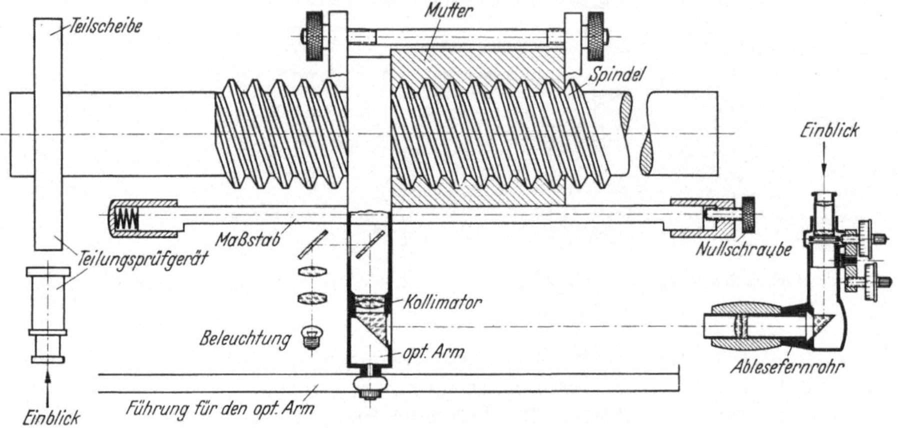

Abb. 62. Das Messen von Leitspindelsteigungen. (Carl Zeiss, Jena.)

durch Spannringe und Spannschrauben zusammengespannt und gängig eingestellt. Der optische Arm wird an der Mutter befestigt. Am freien Ende der Spindel wird vorteilhaft noch ein Teilungsprüfgerät aufgesteckt, damit man die Drehungen der Spindel genau messen kann. Sind die einzelnen Meßstellen am Maßstab und dem Teilungsprüfgerät auf Null eingestellt, so kann das Messen beginnen. Dabei wird die Spindel jedesmal um 90° weitergedreht und durch das Ablesefernrohr am Maßstab die Axialverschiebung des optischen Armes abgelesen. Diese Bewegung ergibt dann den Steigungsfehler der gemessenen Leitspindel. Das Meßgerät ist selbstverständlich empfindlich und mit aller Sorgfalt aufzubauen; man kann damit folgende Meßgenauigkeiten erreichen:

und
$$\pm\,(0{,}0015 + L/200000)\ \text{mm bei Meßlängen bis zu } 500\ \text{mm Länge}$$
$$\pm\,(0{,}0015 + L/150000)\ \text{mm bei Meßlängen über } 500\ \text{mm.}$$

Bei der Steigungsprüfung von Leitspindeln muß der „Abbesche Grundsatz" beachtet werden, der verlangt, daß bei Längenmessungen der zu messende Körper und der Vergleichsmaßstab hintereinander in einer Achse liegen. Wird dieser Grundsatz nicht befolgt und der Maßstab, was häufig nicht zu vermeiden ist, neben dem zu messenden Körper angebracht, so können Meßfehler durch Kippen oder durch schiefes Übertragen der Maße auf den Körper eintreten. Bei der Schraublehre und dem Optimeter z. B. ist der Abbesche Grundsatz gewahrt, bei der Schieblehre dagegen nicht. Auch die in Abb. 62 gezeigte Meßanordnung entspricht zunächst nicht dem obigen Grundsatz, aber hier ist der Kollimator, d. h. das Objektiv, das auf den Maßstab gerichtet ist, in solcher Weise an dem Meßarm angebracht, daß bei einem Kippen der auf der zu messenden Leitspindel gleitenden Mutter zugleich auch das optische System um einen in der Achse der Spindel liegenden Punkt gedreht und so der Kippfehler wieder ausgeglichen wird.

c) Wenn man eine Leitspindel ohne Mutter prüft, also z. B. die Steigung der einzelnen Gänge mit Fühlhebelgeräten nachmißt, so wird stets der Abbesche Grundsatz verletzt. Allgemein wird empfohlen, die Leitspindeln in der Gesamt-

Druckfehlerberichtigung

Seite 18, Zeile 14 muß es heißen:

> 0,49 statt 0,64, weil nur auf den geraden Teil der Flanken zu beziehen, und entsprechend dann in der nächsten Zeile: 0,35 statt 0,4547.

Seite 23, Absatz 2, Zeile 2 muß es heißen:

> Flankendurchmesser statt Flankenwinkel.

leistung der Drehbank zu prüfen[1]: Man ritzt in einen glatten Zylinder eine feine Schraubenlinie ein, zieht eine Mantellinie und bestimmt die Abstände ihrer Schnittpunkte, oder man ermittelt die Verschiebungen eines in den Schlitten gespannten Mikroskops gegen einen zwischen den Spitzen aufgenommenen Maßstab. Dabei werden dann zugleich auch die durch die Schlittenführung veranlaßten Kippfehler berücksichtigt und die Fehler der Wechselräder, die für die Steigung allerdings nicht viel Bedeutung haben. Die Kippfehler machen sich nicht in ihrer ganzen Größe bemerkbar, wenn die Verschiebung durch Endmaße bestimmt wird, die zwischen den Schlitten und einen am Bett befestigten Fühlhebel gelegt werden. Die Wirkung der Zahnradfehler kann man ausschalten, indem man die Teilscheibe zur Bestimmung der Drehung an der Leitspindel statt an der Arbeitsspindel anbringt.

B. Sägengewinde.

42. Zweck und Form des Sägengewindes. Das Sägengewinde wird in der Hauptsache zu einseitiger Kraftübertragung verwendet, z. B. als Leitpatrone zum Gewindeschneiden an Automaten, in der Spannzange an Drehbänken oder als Druckspindel bei Schwungradpressen usw. Es verbindet die geringere Reibung des Flachgewindes gegenüber dem Trapezgewinde mit der leichten Herstellungsmöglichkeit des Spitzgewindes. Zum Unterschied vom Trapezgewinde steht die tragende Flanke fast senkrecht, sie ist nur zur leichteren Fertigung um 3^0 geneigt, während der nicht zur eigentlichen Kraftübertragung dienende Rücken eine erhebliche Schrägstellung, nach DIN 514 von 30^0, wie metrisches Gewinde, aufweist. Dieser Winkel wird in der Praxis allerdings vielfach noch abweichend von der Norm größer als 30^0, bis zu 45^0, ausgeführt. Um eine genügende Festigkeit zu gewährleisten, ist das Gewinde im Grunde ausgerundet (Abb. 63).

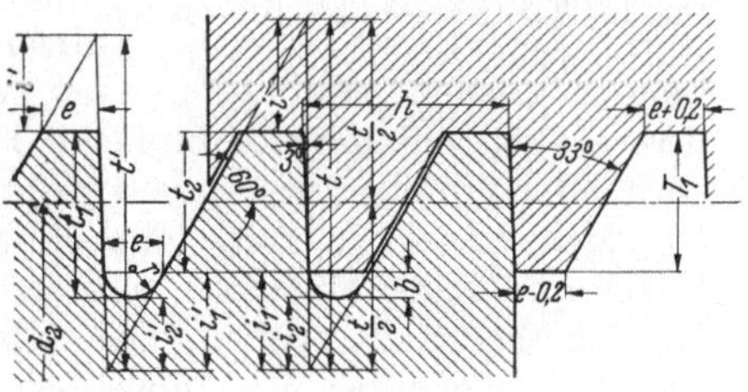

Abb. 63. Sägengewinde nach DIN 514.

43. Das Messen und Prüfen des Sägengewindes kann grundsätzlich mit denselben Geräten vorgenommen werden wie für die Spitzgewinde, deshalb gelten auch beim Messen des Sägengewindes mit drei Drähten[2] die in Abschn. 23b mittels Abb. 31 abgeleiteten Gl. (9) und (9a) für unsymmetrische Gewindeflanken (S. 34). Das Sägengewinde kann demnach tatsächlich als Spitzgewinde mit sehr starken Flankenwinkelfehlern betrachtet werden. Zum Vergleich mit dem Spitzgewinde ist in Abb. 63 ein Sägengewindeprofil dargestellt.

Je nach dem Verwendungszweck, z. B. als Leitpatrone für Automaten, wird neben dem Flankenwinkel von 3^0 — der in allen Fällen, da er die Kraft zu übertragen hat, um möglichst geringe Reibung zu erzeugen, genau sein muß — auch die Steigung bedeutungsvoll. Da für das Sägengewinde noch keine Toleranzen festgelegt, in absehbarer Zeit auch wohl nicht zu erwarten sind, kann man die für das Trapezgewinde in Abschn. 38 abgeleiteten Grundsätze wohl auf das Sägengewinde übertragen. Es ist dem Trapezgewinde ja in seiner Form ähnlich und dient auch ähnlichen Zwecken. Wichtig ist auch hier das Verhältnis des axialen zum radialen Spiel von 1:4. Man darf sich also bei den Sägengewinden genau so wie bei den Trapezgewinden durch das „Wackeln" nicht täuschen lassen,

---

[1] Berndt, G.: Gewindemessungen. Z. VDI Bd. 80 (1936) S. 1460.
[2] Vgl. auch Werkst.-Techn. Bd. 29 (1935) Nr. 3 S. 50 u. Nr. 12 S. 237.

sondern muß in jedem Falle, wenn man ein einwandfreies Urteil gewinnen will, die tatsächlichen Abmaße feststellen.

C. Rundgewinde.

In vielen Fällen kann das Trapezgewinde seiner scharfen Kanten wegen nicht verwendet werden, z. B. für spröde Werkstoffe wie Glas und Porzellan. Ferner nutzt es sich an den Kanten zu stark ab, wenn Schmutz und sandige Verunreinigungen, z. B. bei Wasserarmaturen oder Verschraubungen zwischen die Gewindegänge kommen. In solchen Fällen läßt es sich dann schwer lösen und zusammenschrauben. Man hat deshalb aus dem Trapezgewinde das Rundgewinde entwickelt, indem man die unter 30^0 stehenden Flanken (Abb. 64) im Kern und am Außendurchmesser unmittelbar in einen Kreisbogen hat auslaufen lassen.

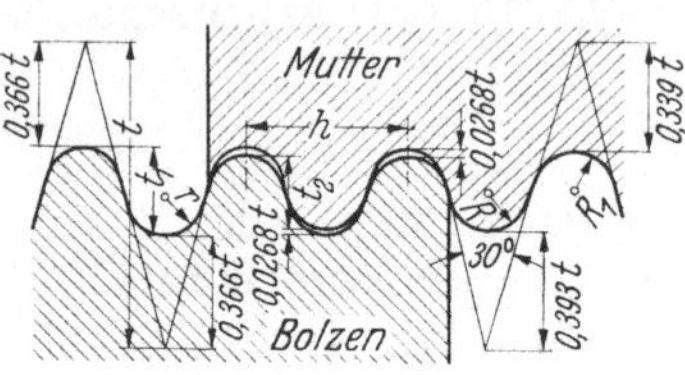

Abb. 64. Rundgewinde nach DIN 405.

In der Regel werden die Rundgewinde nicht gemessen, sondern nur mit Lehren geprüft. Die Lehren und Werkzeuge dagegen mißt. man am besten mit einem Werkzeugmikroskop (Revolverokular, Abb. 33 und 39). Da Rundgewinde im allgemeinen nicht für Genauigkeitszwecke verwendet werden, sind dafür sehr große Toleranzen üblich. Auch die durch die Ausrundung entstehende einfache Form — ein Flankenwinkel ist fast nicht mehr vorhanden, infolgedessen auch nicht von Einfluß — vereinfacht das Prüfen der Rundgewinde sehr. Man kann ohne weiteres mit idealen Gegenstücken, gleich Kegel und Kimme, jedoch mit der genauen theoretischen Form des Gewindes, das Rundgewinde prüfen. Die dabei möglichen Meßfehler sind sehr gering und praktisch gegenüber den zulässigen Abweichungen vollkommen ohne Bedeutung. In Abb. 64 ist ein Rundgewinde nach DIN 405 dargestellt.

V. Messen und Prüfen von Gewindeschneidwerkzeugen.

A. Drehmeißel und Strehler.

44. Die Form der Werkzeuge. In Abb. 65 sind die wichtigsten Winkel und Flächen für die Schneide eines Gewindedrehmeißels angegeben. Der Freiwinkel, den die Freiflächen mit der senkrechten Achse bilden, wird sonst mit α bezeichnet (DIN 768: Schneidstähle, Begriffe), aber hier ist, um eine Verwechslung mit dem Flankenwinkel α zu vermeiden, die Bezeichnung τ (griech., sprich: tau) gewählt worden. Dieser Freiwinkel muß, wie schon der Name sagt, so groß bemessen werden, daß die Flanken des Werkzeuges beim Gewindeschneiden an den Flanken des erzeugten Gewindes frei gehen, daß also nur die schneidenden Kanten das Werkstück berühren. Aus

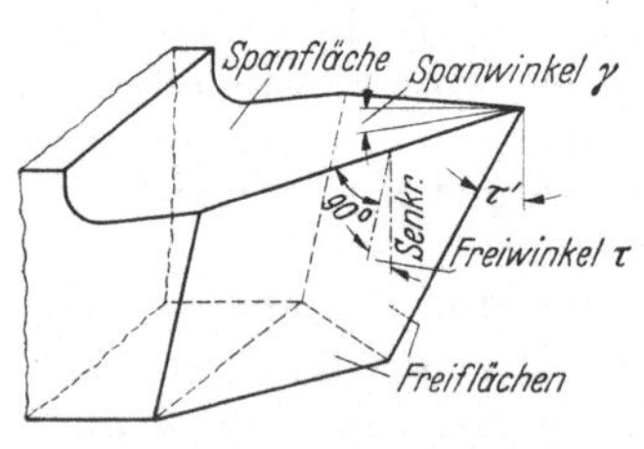

Abb. 65. Gewindedrehmeißel.

diesem Grunde muß beim Schneiden steilgängiger Gewinde der Freiwinkel auf beiden Seiten des Drehmeißels verschieden sein, der eine muß um den Neigungswinkel φ des Gewindes (Abb. 24 und 25, S. 30) größer, der andere um den gleichen Winkel kleiner sein als der zweckmäßige Freiwinkel τ. Ist dieser zu groß, so wird die geschnittene Fläche leicht unsauber. Je nach der Härte des zu bearbeitenden Werkstoffes liegt τ zwischen 4 und 10^0.

Für den Spanwinkel γ wählt man, wenn möglich, größere Werte, weil der

Span dann leichter abgleitet und die Schneide wegen ihrer schlankeren Keilform besser schneidet. Aber die Festigkeit der Schneidkanten wird dadurch, zumal gegenüber härteren Werkstoffen, geringer, und so haben sich die in Tabelle 13 angegebenen Spanwinkel als zweckmäßig erwiesen.

Tabelle 13. Spanwinkel für Gewinde-Schneidwerkzeuge.

Werkstoff des Werkstückes	Spanwinkel Grad	Werkstoff des Werkstückes	Spanwinkel Grad
Gußeisen bis 200 Brinell	8 bis 10	Leichtmetall	20 bis 25
Stahl mittel	5 bis 10	Messing, Bronze	0 bis 5
Stahl zähhart	0 bis 5	Vulkanfiber und ähnliches	0

Was hier von der Drehmeißelschneide gesagt wurde, gilt sinngemäß auch für jede andere zur Herstellung von Gewinde verwendete Werkzeugschneide, also auch für Strehler, Fräser, Gewindebohrer usw. Die Herstellungsgenauigkeit des Drehmeißels für den halben Flankenwinkel beträgt $\pm 5'$. Wie aber in Abschn. 11 schon näher ausgeführt wurde, erreicht man am erzeugten Gewinde nur eine wesentlich geringere Genauigkeit, weil beim Einstellen, Messen, Nachschleifen des Werkzeuges usw. eine Reihe von Fehlern entstehen[1]. Also ist der Anteil des Werkzeugfehlers der einfach geformten Schneidwerkzeuge an dem gesamten bei der Fertigung von Gewinden entstehenden Fehler nur gering, und deshalb dürfte es überflüssig sein, für diese Werkzeuge besondere Toleranzen einzuführen.

Beim Strehler (Abb. 66) erhält man den Freiwinkel τ dadurch, daß man das Werkzeug um ein gewisses Stück a unter Mitte schleift und es dann mit dem Punkte A auf Mitte

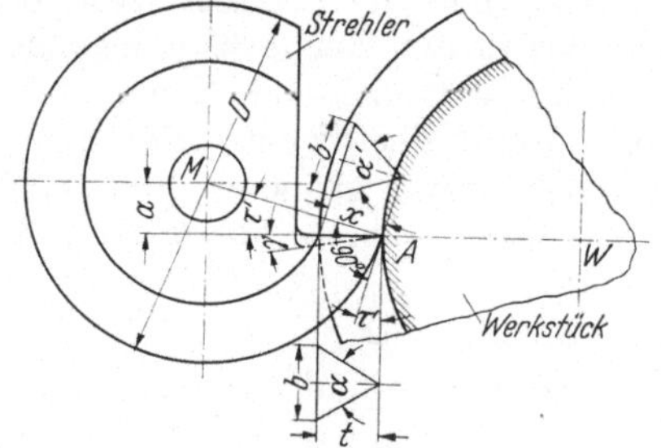

Abb. 66. Gewindestrehler.

Werkstück anstellt. Die Größe dieses Abschliffes hängt ab vom Durchmesser des Werkzeuges und von der Größe des zu schneidenden Flankenwinkels. Durch den Abschliff a erhält man für die vordere Kante des Schneidzahnes bei A einen (scheinbaren) Freiwinkel τ'. Mit diesem Winkel, dessen Zusammenhang mit dem wirklichen Freiwinkel noch zu behandeln ist, berechnet man a nach der Gleichung

$$a = D/2 \sin \tau' . \tag{17}$$

In Abb. 67 ist der vordere Teil eines Gewindedrehmeißels oder Schneidzahnes — mit dem Spanwinkel $\gamma = 0$ — stark vergrößert dargestellt. AC ist die Mittellinie des Flankenwinkels auf der Spanfläche, AD ist gleich AF, und BC steht senkrecht auf AC und DF. Der gesuchte Freiwinkel τ muß in einer Ebene liegen, die senkrecht zur Schneidkante AD oder AF steht. So z. B. ist τ zu messen in der Ebene des Dreiecks BCE; wir erhalten ihn, wenn wir durch E eine Parallele zu CB ziehen,

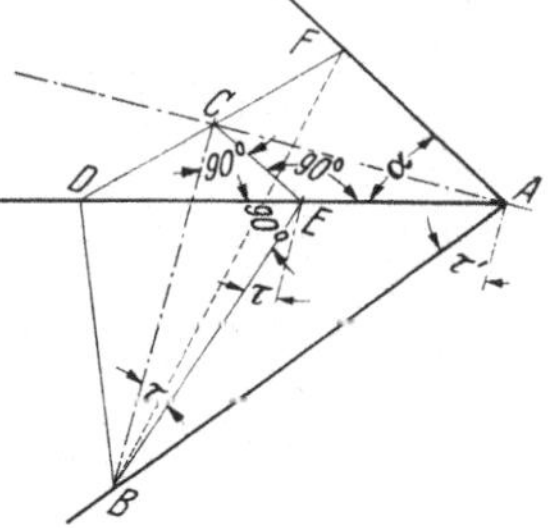

Abb. 67. Spitze eines Gewindedrehmeißels.

und finden ihn demgemäß auch als Winkel CBE. Man kann nun aus den Dreiecken ABC, ACE und BCE folgende drei Ausdrücke ableiten:

$$\operatorname{tg} \tau' = AC/BC , \qquad \operatorname{tg} \tau = CE/BC , \qquad \sin \alpha/2 = CE/AC .$$

---

[1] Auf die „Herstellung der Gewinde" kann hier nicht eingegangen werden, s. dazu Werkstattbuch Heft 1.

Teilt man den zweiten Ausdruck durch den ersten und nimmt dann den dritten hinzu, so ergibt sich

$$\operatorname{tg} \tau / \operatorname{tg} \tau' = CE/AC = \sin \alpha/2 \text{ , folglich}$$

$$\operatorname{tg} \iota' = \operatorname{tg} \tau / \sin \alpha/2 \; . \tag{18}$$

Da α, τ und D in praktischen Fällen bekannt sind, so kann man aus den beiden Gl. (17) und (18) zunächst ι' und dann a berechnen. Tabelle 14 enthält das auf solche Weise ermittelte Verhältnis a/D der Abschliffe a zu den Werkzeugdurchmessern D, mit dem man leicht den Abschliff für jeden Durchmesser ausrechnen kann. Beispiel: Ein Strehler von 65 mm für Whitworthgewinde soll einen Freiwinkel $\tau = 6^0$ erhalten; dann ist nach Tabelle 14 der Abschliff $a = 0,111 \cdot 65 = 7,2$ mm.

Tabelle 14. Verhältnis a/D des Abschliffes zum Strehlerdurchmesser für Freiwinkel τ.

Freiwinkel τ	4^0	5^0	6^0	8^0	10^0
Trapezgewinde	0,131	0,160	0,188	0,239	0,282
Whitworthgewinde . .	0,075	0,093	0,111	0.146	0,178
Metrisches Gewinde ·	0,070	0,087	0,103	0,135	0,166

Wird nun der Strehler (Abb. 66) auf Mitte Werkstück angestellt, so kann er nur das in der Ebene WA liegende Profil auf das Werkstück übertragen. Wenn also das zu schneidende Gewinde den Flankenwinkel α und die Gangtiefe t erhalten soll, so muß der Strehler, den man ja nur in radialer Richtung AM messen kann, mit dem etwas größeren Flankenwinkel α' hergestellt sein. Bezeichnet man die Breite des Strehlers mit b, so gelten für α und α' die Gleichungen

$$\operatorname{tg} \frac{\alpha}{2} = \frac{b/2}{t} \quad \text{und} \quad \operatorname{tg} \frac{\alpha'}{2} = \frac{b/2}{x} \;, \quad \text{also} \quad \operatorname{tg} \frac{\alpha'}{2} = \frac{t}{x} \operatorname{tg} \frac{\alpha}{2} \; .$$

Zwischen x und t besteht dann noch die Beziehung $x/t = \cos \tau'$, folglich ist

$$\operatorname{tg} \frac{\alpha'}{2} = \frac{\operatorname{tg} \alpha/2}{\cos \tau'} \; . \tag{19}$$

Tabelle 15.
Vergrößerte Flankenwinkel α' für runde Strehler zum Ausgleich der Winkelveränderung durch den Abschliff a.

Freiwinkel τ	4^0	5^0	6^0	8^0	10^0
Trapezgewinde . .	31^0 $1'$	31^0 $35'$	32^0 $16'$	33^0 $55'$	35^0 $56'$
Whitworthgewinde	55^0 $32'$	55^0 $50'$	56^0 $12'$	57^0 $6'$	58^0 $15'$
Metrisches Gewinde	60^0 $29'$	60^0 $45'$	61^0 $5'$	61^0 $54'$	62^0 $57'$

Der Winkel τ' ist aus Gl. (18) zu bestimmen, und so kann man die Werte der Tabelle 15 berechnen.

45. Spanwinkel und Flankenwinkel. Wenn nun schon die Schneidwerkzeuge mit richtigen Winkeln hergestellt werden, so sollte man sie auch am Werkstück richtig anstellen, nämlich mit· der Spitze A (Abb. 68) genau auf Mitte Werkstück. Durch Höherstellen wird der Freiwinkel verkleinert und der Spanwinkel vergrößert und umgekehrt. Der erzeugte Flankenwinkel wird stets größer, wenn man die Schneidenspitze A über oder unter Mitte Werkstück stellt.

Im vorigen Abschnitt war angenommen, der Spanwinkel γ, für den Tabelle 13 einige Werte angibt, sei $= 0$. Hier soll nun auch der Einfluß dieses Winkels auf die Genauigkeit des geschnittenen Gewindes kurz untersucht werden. In Abb. 68 ist die Spanfläche AB um den Spanwinkel γ gegen die Waagerechte geneigt. Wenn nun das Werkzeug den genauen Flankenwinkel α am Werkstück erzeugen soll, so muß es selbst mit dem Flanken-

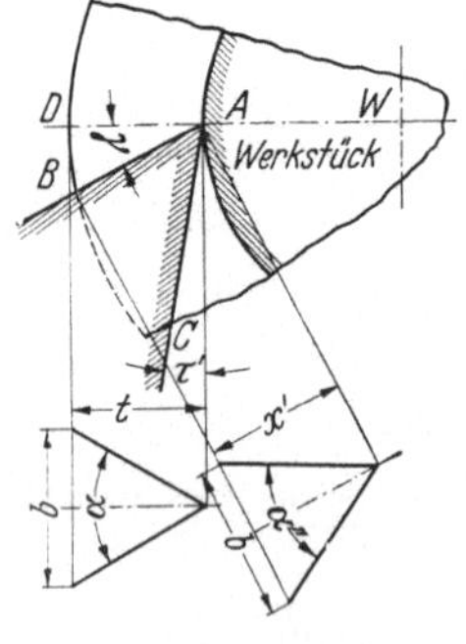

Abb. 68. Spanwinkel und Flankenwinkel.

winkel α'' hergestellt sein. Zu berechnen ist dieser Winkel, wenn man die Tiefe und Breite des Gewindeganges zugrunde legt. Man erhält dann aus Abb. 68 — genau so wie oben in der Ableitung der Gl. (17) aus Abb. 66 — $\operatorname{tg}\alpha''/2 = \frac{t}{x'}\operatorname{tg}\alpha/2$. Nimmt man nun in dem rechtwinkligen Dreieck ADB die Strecke $AB = x'$ an, was bei der praktisch sehr geringen Länge des Bogens BD unbedenklich ist, so ist $t/x' = \cos\gamma$ zu setzen, und man bekommt

$$\operatorname{tg}\alpha''/2 = \cos\gamma\,\operatorname{tg}\alpha/2 \qquad (20)$$

Diese Gleichung entspricht mathematisch der Gl. (5) (S. 31), und demgemäß können auch die Werte für $\alpha - \alpha''$ aus Abb. 27 (S. 31), in der man dann γ statt φ und α'' statt α' lesen muß, entnommen werden. Da dieses Schaubild aber nur bis 15^0 reicht, so ist noch Tabelle 16 nachstehend angegeben.

Bei einem Gewindedrehmeißel kommen also die Winkelverkleinerungen der Tabelle 16 in Anwendung. Bei einem Strehler nach Abb. 66 kommt diese Verkleinerung zu der durch den Abschliff bedingten Änderung noch hinzu.

Tabelle 16. Verkleinerung $\alpha - \alpha''$ des Flankenwinkels am Werkzeug zum Ausgleich der durch den Spanwinkel verursachten Winkeländerung.

Spanwinkel γ	5^0	10^0	15^0	20^0	30^0
Trapezgewinde	$7'$	$26'$	$59'$	$1^0\ 44'$	$3^0\ 52'$
Whitworthgewinde . .	$10,7'$	$43'$	$1^0\ 37'$	$2^0\ 52'$	$6^0\ 28'$
Metrisches Gewinde .	$11,4'$	$45,4'$	$1^0\ 42'$	$3^0\ 2'$	$6^0\ 52'$

Beispiel: Ein Strehler von 60 mm Durchmesser zum Schneiden von metrischem Gewinde soll mit einem Freiwinkel $\tau = 5^0$ und einem Spanwinkel $\gamma = 10^0$ versehen werden. Man erhält dann

nach Tabelle 14: Abschliff $a = 0{,}087 \cdot 60 = 5{,}2$ mm,
nach Tabelle 15: Flankenwinkel $\alpha' = 60^0\,45'$,
nach Tabelle 16: Winkelverkleinerung $\alpha - \alpha'' = 45{,}4'$.

Diese Winkelverkleinerung hebt also die nach Tabelle 15 erforderliche Vergrößerung des Flankenwinkels gerade auf, so daß das Werkzeug, um bei der vorgesehenen Verwendung ein genaues Gewinde zu erzeugen, einen Flankenwinkel von genau 60^0 haben muß, wenn man die $0{,}4'$ vernachlässigt.

Nun sei noch auf eines hingewiesen:

Die Gewindeflanken des Werkstückes kann man als Teile eines Kegelmantels ansehen. Wird ein Kegel geschnitten, so erhält man nur dann auf dem Mantel eine gerade Schnittlinie, wenn die Schnittebene durch die Achse des Kegels geht. In Abb. 68 geht die Verlängerung von AB nicht durch den Mittelpunkt W, also ist ein Strich, den man in der Ebene AB auf einer genau geschnittenen Gewindeflanke zeichnen kann, keine gerade Linie, sondern ein Stück einer gleichseitigen Hyperbel, also gekrümmt. Demzufolge schneidet man in diesem Falle mit einem Werkzeug, das genau gerade Schneidkanten hat, am Werkstück hohle Flanken! Eigentlich müßte also das Werkzeug mit hohlen Flanken ausgeführt sein, damit der Fehler ausgeglichen wird. Bei dem in Abb. 66 mit dem Abschliff a gezeichneten Strehler sind die Schneidkanten Stücke von Hyperbeln, also nach außen gekrümmt, so daß hier schon bei $\gamma = 0^0$ hohle Flanken entstehen, noch mehr natürlich, wenn außerdem ein Spanwinkel γ angeschliffen wird. Untersuchen kann man diese Verhältnisse nur zeichnerisch.

46. Das Messen und Prüfen der Genauigkeit. In Abb. 68 ist AB die Schneidfläche, in der der Flankenwinkel gemessen wird. Mißt man senkrecht von oben,

z. B. mit dem Drehbankmikroskop (Abb. 69 und 70), so erhält man die Tiefe t und den Winkel α, kann aber auf Grund des Höhenunterschiedes die Punkte B und A nicht gleich scharf einstellen und infolgedessen auch nicht genau messen.

Abb. 69. Drehbankmikroskop. (Carl Zeiss, Jena.)

Mißt man dagegen in der Ebene AB, z. B. mittels Lehre, so müssen die im vorhergehenden Abschnitt behandelten Maßabweichungen bekannt sein und beachtet werden. Am besten eignet sich das Werkzeugmikroskop (Abb. 33) zum genauen Messen der Werkzeuge. Dabei muß der Flankenwinkel stets in der Fläche AB (Abb. 68) gemessen werden, weil man nur eine Fläche senkrecht zur Blickrichtung scharf einstellen kann.

B. Gewindebohrer.

Es ist eigenartig, daß man heute immer noch darum kämpfen muß, handelsübliche Gewindebohrer zu erhalten, die innerhalb eines bestimmten Gütegrades schneiden. Man sollte meinen, vom Lieferwerk solch zuverlässige Fertigung erwarten zu können, daß der Käufer die Gewindebohrer

Abb. 70. Sehfeld des Drehbankmikroskops.

nicht nachzuprüfen brauchte. Die wesentlichsten Schwierigkeiten liegen aber auch hier wie bei allen Gewindewerkzeugen nicht in der Maßhaltigkeit, sondern darin, daß man mit demselben Gewindebohrer nicht verschiedene Werkstoffe schneiden kann. Man muß entsprechend dem Werkstoff die Schneidwinkel ändern, will man mit Sicherheit ein bestimmtes Toleranzfeld erreichen. Deshalb muß auch beim Messen und Prüfen der Gewindebohrer das Hauptaugenmerk hierauf gerichtet werden. Die zulässigen Abweichungen im Flankendurchmesser liegen so, daß sie von den Herstellern mit ein wenig Sorgfalt ohne weiteres eingehalten werden können. Die Toleranzen der Gewindebohrer sind nach DIN-Entwurf 802 und 803 für alle drei Gütegrade gleich; sie liegen mit ungefähr der halben Toleranz der Schraubengewinde, Gütegrad „mittel",

zwischen der Gut- und Ausschußseite. Zu beachten ist, daß man, um sicher oberhalb der Ausschußgrenze des Gewindebohrers zu bleiben, den Flankendurchmesser nicht wesentlich verkleinern darf, denn er wird durch die hinterdrehten bzw. hinterschliffenen Gewindeflanken schon bei jedem Nachschleifen kleiner.

In den Kapiteln III A, B und C sind für die verschiedenen Bestimmungsgrößen der Gewinde die einzelnen Meßverfahren und die dabei entstehenden Meßfehler behandelt worden. Die dort entwickelten Grundsätze gelten genau so für die Gewindebohrer wie für den Gewindebolzen.

Abb. 71. Gewindegrenzrachenlehre für Gewindebohrer. (Carl Mahr, Eßlingen a. N.)

Beim Gewindebohrer wird das Messen aber dadurch schwieriger, daß der Umfang durch die Spannuten unterbrochen ist. Zum Messen des Flanken-, Kern- und Außendurchmessers eignet sich wieder sehr gut das in Abb. 19 dargestellte Spitzengerät mit Meßschlitten. Man muß beim Messen mit diesem Gerät lediglich den Schlagfehler berücksichtigen. In Abb. 71 ist außerdem eine besonders für drei- und fünfteilige

Gewindebohrer entwickelte Grenzrachenlehre mit Kegel und Kimme dargestellt Beide Geräte können mit dem Normallehrdorn unter Berücksichtigung des Lehrdornabmaßes eingestellt werden. Die damit erreichbare Meßgenauigkeit ist $5\ldots10\,\mu$.

Die Firma Zeiss (Jena) empfiehlt zum Messen der Gewindebohrer mit ungerader Spannutenzahl auch noch das „Draht"-Verfahren. Man legt den Prüfling in ein genaues Prisma und verwendet dann 5 Drähte, von denen je zwei an den beiden Flanken des Prismas mit Vaseline angeklebt werden, während der fünfte oben aufliegt und vom Meßgerät angetastet wird. Berücksichtigt man den Außendurchmesser des Gewindebohrers, so kann man diesen auch ohne die vier ersten Drähte unmittelbar in das Prisma einlegen und sich auf das Abtasten mit dem fünften Draht allein beschränken. Eingestellt wird das Gerät nach einem genauen Vergleichsstück. Der Vorteil dieses Verfahrens liegt darin, daß der bei dem Spitzengerät Abb. 19 zu berücksichtigende Schlag hier keinen Einfluß hat.

Den Flankenwinkel und die Steigung der Gewindebohrer kann man am besten mit dem Werkzeugmikroskop (Abb. 33, S. 35) messen. Dabei ist zu berücksichtigen, daß der Flankenwinkel nicht an der Schneide gemessen werden darf, weil diese um den Spanwinkel gegen den Achsenschnitt geneigt ist, sondern immer im Gewindegang, auch wenn die Gänge hinterdreht oder hinterschliffen sind. Wenn Gewindebohrer für verschiedene Werkstoffe verwendet werden, so müßten sie eigentlich auch verschiedene Spanwinkel haben (Tabelle 13, S. 59). Daran muß man denken, wenn beim Messen Schwierigkeiten auftreten und, dem Spanwinkel entsprechend, abweichende Ergebnisse vorkommen. Die in Abschn. 45 gemachten Ausführungen über die Veränderung des Flankenwinkels bei Veränderung des Spanwinkels gelten natürlich auch für Gewindebohrer und sind sinngemäß zu beachten. Solange die Winkelverzerrungen durch den Spanwinkel innerhalb der Flankenwinkeltoleranz des Gewindebohrers liegen, sind sie ohne besondere Bedeutung.

Ganz besonders zu beachten ist die Spannutenteilung, da sie, zumal bei vier Spannuten, die Genauigkeit der geschnittenen Gewinde wesentlich beeinflußt. Bei ungenauer Teilung ändern sich die Schneidverhältnisse und damit auch der Flankendurchmesser.

Beim Prüfen der Gewindebohrer ist auch noch zu berücksichtigen, daß die festzulegenden Grenzwerte nur für den Fertigschneider gelten können. Vor- und Mittelschneider müssen so bemessen sein, daß der Fertigschneider nur Schlichtarbeit zu leisten hat. Der Vorschneider muß im Kerndurchmesser frei gearbeitet sein, um jedes Aufschneiden zu verhindern.

Verlag von Julius Springer in Berlin

WERKSTATTBÜCHER
FÜR BETRIEBSBEAMTE, KONSTRUKTEURE U. FACHARBEITER
HERAUSGEGEBEN VON DR.-ING. H. HAAKE

Bisher sind erschienen (Fortsetzung):

Heft 33: **Der Vorrichtungsbau.**
1. Teil: **Einteilung, Einzelheiten und konstruktive Grundsätze.** 2. Aufl. (8.—14. Tausend.) Von Fritz Grünhagen.

Heft 34: **Werkstoffprüfung.** (Metalle.) 2. Aufl. Von Prof. Dr.-Ing. P. Riebensahm.

Heft 35: **Der Vorrichtungsbau.**
2. Teil: **Typische Einzelvorrichtungen. Bearbeitungsbeispiele mit Reihen planmäßig konstruierter Vorrichtungen.** Kritische Vergleiche. 2. Aufl. (8.—14. Tausend.) Von Fritz Grünhagen.

Heft 36: **Das Einrichten von Halbautomaten.** Von J. van Himbergen, A. Bleckmann, A. Waßmuth.

Heft 37: **Modell- und Modellplattenherstellung für die Maschinenformerei.** Von Fr. und Fe. Brobeck.

Heft 38: **Das Vorzeichnen im Kessel- und Apparatebau.** Von Ing. Arno Dorl.

Heft 39: **Die Herstellung roher Schrauben.**
1. Teil: **Anstauchen der Köpfe.** Von Ing. Jos. Berger.

Heft 40: **Das Sägen der Metalle.** Von Dipl.-Ing. H. Hollaender.

Heft 41: **Das Pressen der Metalle (Nichteisenmetalle).** Von Dr.-Ing. A. Peter.

Heft 42: **Der Vorrichtungsbau.**
3. Teil: **Wirtschaftliche Herstellung und Ausnutzung der Vorrichtungen.** Von Fritz Grünhagen.

Heft 43: **Das Lichtbogenschweißen.** 2. Aufl. (7.-12. Tsd.) Von Dipl.-Ing. Ernst Klosse.

Heft 44: **Stanztechnik.** 1. Teil: **Schnittechnik.** Von Dipl.-Ing. Erich Krabbe.

Heft 45: **Nichteisenmetalle.** 1. Teil: **Kupfer, Messing, Bronze, Rotguß.** Von Dr.-Ing. R. Hinzmann.

Heft 46: **Feilen.**

Heft 47: **Zahnräder.**
1. Teil: **Aufzeichnen und Berechnen.** Von Dr.-Ing. Georg Karrass.

Heft 48: **Öl im Betrieb.** Von Dr.-Ing. Karl Krekeler.

Heft 49: **Farbspritzen.** Von Obering. Rud. Klose.

Heft 50: **Die Werkzeugstähle.** Von Ing.-Chem. Hugo Herbers.

Heft 51: **Spannen im Maschinenbau.** Von Ing. A. Klautke.

Heft 52: **Technisches Rechnen.** Von Dr. phil. V. Happach.

Heft 53: **Nichteisenmetalle.** 2. Teil: **Leichtmetalle.** Von Dr.-Ing. R. Hinzmann.

Heft 54: **Der Elektromotor für die Werkzeugmaschine.** Von Dipl.-Ing. Otto Weidling.

Heft 55: **Die Getriebe der Werkzeugmaschinen.** 1. Teil: **Aufbau der Getriebe für Drehbewegungen.** Von Dipl.-Ing. Hans Rögnitz.

Heft 56: **Freiformschmiede.**
3. Teil: **Einrichtung und Werkzeuge der Schmiede.** 2. Aufl. (7.—12. Tausend.) Von H. Stodt.

Heft 57: **Stanztechnik.**
2. Teil: **Die Bauteile des Schnittes.** Von Dipl.-Ing. Erich Krabbe.

Heft 58: **Gesenkschmiede.** 2. Teil: **Einrichtung und Betrieb der Gesenkschmieden.** Von Ing. H. Kaessberg.

Heft 59: **Stanztechnik.** 3. Teil: **Grundsätze für den Aufbau der Schnittwerkzeuge.** Von Dipl.-Ing. Erich Krabbe.

Heft 60: **Stanztechnik.**
4. Teil: **Formstanzen.** Von Dr.-Ing. Walter Sellin.

Heft 61: **Die Zerspanbarkeit der Werkstoffe.** Von Dr.-Ing. habil. K. Krekeler VDI.

Heft 62: **Hartmetalle in der Werkstatt.** Von Ing. F. W. Leier VDI.

Heft 63: **Der Dreher als Rechner.** 2. Aufl. (5.—10. Tausend.) Von E. Busch.

Heft 64: **Metallographie, Grundlagen und Anwendungen.** Von Dr.-Ing. Otto Mies VDI.

Heft 65: **Messen und Prüfen von Gewinden.** Von Ing. Karl Kress.

In Vorbereitung bzw. unter der Presse befinden sich:

Gesenkschmiede III. Von Ing. H. Kaessberg.
Baustähle. Von Dr.-Ing. K. Krekeler.
Formmaschinen (Gießereimaschinen I). Von Prof. Dipl.-Ing. U. Lohse.
Sandaufbereitung und Putzerei (Gießereimaschinen II). Von Prof. Dipl.-Ing. U. Lohse.
Außenräumen. Von Dr.-Ing. Artur Schatz.
Wälzlager. Von W. Jürgensmeyer.
Maschinelle Handwerkzeuge. Von H. Graf.
Spangebende Formung des Holzes. Von K. F. Müller.